코딩 · SW · AI 이해에 꼭 필요한

초등코딩
Coding
사고력수학

3단계

초등 5~6학년

SD에듀
시대교육(주)

이 책을 펴내며

4차 산업혁명, 인공지능(AI), 소프트웨어, 코딩, 개발자, 융합기술

위의 단어들은 이 책을 펼친 여러분도 많이 들어 보셨을 단어들로, 요즘 우리들에게 익숙한 용어입니다. 또한, 이 단어들을 빼놓고 미래 사회에 대해 이야기 하는 것은 쉽지 않습니다. 인공지능이 일상 곳곳에 스며들고, 점점 더 많은 사람들이 코딩에 관심을 가지고 있습니다. 또한, 여러 매체에서는 최첨단 융합기술을 화려하게 소개하고 있습니다. 기술의 발전에 따라 우리 사회의 구조도 이전과는 다른 모습으로 변화하고 있으며, 학생들은 장래희망으로 개발자, 프로그래머, 데이터 과학자를 말합니다.

앞으로 10년, 20년, 30년 뒤 우리는 어떤 세상에 살고 있을까요? 기술은 계속해서 발전하고, 그에 따라 사회는 끊임없이 변화합니다. 이러한 변화무쌍한 미래 사회에 적응하기 위해 우리는 어떤 능력을 길러야 할까요?

미래 사회를 대비한 현재의 소프트웨어 교육의 목적은 '정보와 컴퓨팅 소양을 갖추고 더불어 살아가는 창의·융합적인 사람'을 기르는 것입니다. 여기서 창의·융합적인 사람은 자신이 가진 '컴퓨팅 사고력'을 활용하여 여러 문제를 해결할 수 있는 창의·융합적 능력과 협력적 태도를 가진 사람입니다.

현재 소프트웨어 교육 시간에 익히는 코딩 기술이 20년 뒤에도 여전히 통용되리라고는 장담할 수 없지만 학습 과정에서 익힌 사고의 힘, 즉 사고력만은 미래에도 그 가치가 빛날 것입니다. 따라서 우리가 학습의 과정에서 길러야 하는 것은 "사고력"입니다. 튼튼한 사고력이 바탕이 되어야 창의적 문제해결력이 빛을 발하는 문제를 풀고, 블록 코딩을 하고, 앱을 개발하며, 시스템을 구축하는 모든 일들을 멋지게 해낼 수 있습니다.

사고력이란 무엇이고 어떻게 기를 수 있을까요?

힌트를 드리겠습니다. 아래의 표에서 수학적 사고력과 컴퓨팅 사고력의 공통점을 찾아 보세요.

구분	수학적 사고력	컴퓨팅 사고력
개념	수학적 지식을 형성하는 과정 중 생겨나는 폭넓은 사고 작용	컴퓨팅의 개념과 원리를 기반으로 문제를 효율적으로 해결할 수 있는 사고 능력
활용	• 수학적 지식을 활용하여 문제 해결에 필요한 정보를 발견 · 분석 · 조직하기 • 문제 해결에 필요한 알고리즘 및 전략을 개발하고 활용하기 • 수학적으로 추론하고 그에 대한 타당성을 검증하고 논리적으로 증명하기 • 수학적 경험을 바탕으로 수학적 지식의 영역을 넓히기	• 문제를 컴퓨터에서 해결 가능한 형태로 구조화하기 • 알고리즘적 사고를 통하여 문제 해결 방법을 자동화하기 • 자료를 분석하고 논리적으로 조직하기 • 효율적인 해결 방법을 수행하고 검증하기 • 모델링이나 시뮬레이션 등의 추상화를 통해 자료를 표현하기 • 문제 해결 과정을 다른 문제에 적용하고 일반화하기

위의 공통점을 통해 알 수 있듯이 사고력을 기르기 위해서는 자신이 알고 있는 지식을 동원하여 문제를 해결하는 과정을 거쳐야만 합니다. 문제를 구조화하고, 추상화하고, 분해하고, 모델링해 보는 과정을 거치며, 문제 해결에 필요한 알고리즘을 구합니다. 그 뒤 문제를 해결하기 위해 구해 놨던 알고리즘에 적용하고 수정하는 과정에서 사고의 세계는 끊임없이 확장됩니다.

이 책은 코딩의 개념이 가미된 사고력 수학 문제들을 학생들이 풀어 보면서 컴퓨팅 사고력을 기르는 것을 궁극적인 목표로 삼고 있습니다. 문제에는 컴퓨팅 시스템, 알고리즘, 프로그래밍, 자료, 규칙성 등이 수학과 함께 녹아 들어 있습니다. 다양한 문제를 해결해 보는 과정에서 융합 사고력이 자라나는 상쾌한 자극을 느껴 보세요.

학교 현장에서 수많은 학생들과 창의사고 수학 및 SW 교육을 하며 느낀 것은 사고력이 뛰어난 학생들은 다양한 분야에서 재기 발랄함을 뽐낸다는 것입니다. 문제에 대해 고민하고, 해결을 시도하고, 방법을 수정 · 완성하며 여러분의 사고력 나무가 쑥쑥 자라 미래 사회 그 어디에서도 적응할 수 있는 든든한 기둥으로 자리매김하기를 바랍니다.

2024년 2월

저자 일동

교육과정에 도입된 소프트웨어 교육은 무엇일까?

⚙ 소프트웨어 교육(SW 교육)은 무엇인가요?

기본적인 개념과 원리를 기반으로 다양한 문제를 창의적이고 효율적으로 해결하는 컴퓨팅 사고력(Computational Thinking)을 기르는 교육입니다.

⚙ 소프트웨어 교육, 언제부터 배우나요?

초등학교 1~4학년은 창의적 체험 활동에 포함되어 배우며, 5~6학년은 실과 과목에서 본격적으로 배우기 시작합니다. 중학교, 고등학교에서는 정보 과목을 통해 배우게 됩니다.

초등학교 실과	중학교 정보	고등학교 정보
1	**2**	**3**
실과 ICT 활용 중심 내용 단원	기존 정보 과목 선택	기존 정보 과목 심화 선택
↓	↓	↓
필수 17시간 이상(5~6학년) 편성 소프트웨어 기초 소양 중심 내용으로 개편	필수 34시간 이상 편성 소프트웨어 중심 내용으로 개편	일반 선택으로 전환 소프트웨어 중심 내용으로 개편 (단위학교의 과목 선택률 제고)

⚙ 초등학교에서 이루어지는 소프트웨어 교육은 무엇인가요?

체험과 놀이 중심으로 이루어집니다. 컴퓨터로 직접 하는 프로그래밍 활동보다는 놀이와 교육용 프로그래밍 언어를 통해 문제 해결 방법을 체험 중심의 언플러그드 활동으로 보다 쉽고 재미있게 배우게 됩니다. 그 후에는 엔트리, 스크래치와 같은 교육용 프로그래밍 언어와 교구를 활용한 피지컬 컴퓨팅 교육으로 이어집니다.

놀이 중심 활동 (언플러그드) → 교육용 프로그래밍 언어 활용 교육 → 교구 활용 교육 (피지컬 컴퓨팅)

※ **언플러그드**: 컴퓨터가 필요 없으며 놀이 중심으로 컴퓨터 과학의 기본 원리와 개념을 몸소 체험하며 배우는 교육 방법입니다.

※ **피지컬 컴퓨팅**: 학생들이 실제 만질 수 있는 보드나 로봇 등의 교구를 이용하여 SW 개념을 학습하는 교육 방법입니다.

⚙ 초등학교에서 추구하는 소프트웨어 교육의 방향은 무엇인가요?

궁극적인 목표는 컴퓨팅 사고력을 지닌 창의 · 융합형 인재를 기르는 것입니다. 과거에 중시했던 컴퓨터 자체를 활용하는 능력보다는, 컴퓨터가 생각하는 방식을 이해하고 일상생활에서 접하는 문제를 절차적이고 논리적으로 해결하는 창의력과 사고력을 길러 창의 · 융합형 인재를 양성하는 데 그 목적이 있습니다.

⚙ 컴퓨팅 사고력이란 무엇인가요?

컴퓨팅의 기본적인 개념과 원리를 기반으로 문제를 효율적으로 해결할 수 있는 사고 능력을 뜻합니다.

컴퓨팅 사고력의 구성 요소	❶ 문제를 컴퓨터로 해결할 수 있는 형태로 구조화하기 ❷ 자료를 분석하고 논리적으로 조직하기 ❸ 모델링이나 시뮬레이션 등의 추상화를 통해 자료를 표현하기 ❹ 알고리즘적 사고를 통해 해결 방법을 자동화하기 ❺ 효율적인 해결 방법을 수행하고 검증하기 ❻ 문제 해결 과정을 다른 문제에 적용하고 일반화하기

컴퓨팅 사고력과 수학적 사고력은 무슨 관련이 있나요?

수학적 사고력이란 수학적 지식을 형성하는 과정 중에서 생겨나는 폭넓게 사고하는 능력을 뜻합니다. 즉, 수학적 지식을 활용해서 문제 해결에 필요한 정보를 발견 · 분석 · 조직하고, 문제 해결에 필요한 알고리즘 및 전략을 개발하여 활용하는 것을 의미합니다. 이는 컴퓨팅 사고력과 밀접한 관련이 있습니다. 왜냐하면 결국 수학적 사고력과 컴퓨팅 사고력 모두 실생활에서 접하는 문제를 발견 · 분석하고, 논리적인 절차에 의해 문제를 해결하는 능력이기 때문입니다. 초등학교 소프트웨어 교육의 목표 또한 실질적으로 프로그래밍하는 능력이 아닌 문제를 절차적이고 논리적으로 해결하는 것이므로, 이러한 사고력을 기르기 위해 가장 밀접하고 중요한 과목이 바로 수학입니다. 따라서 수학적 사고력을 기른다면 컴퓨팅 사고력 또한 쉽게 길러질 수 있습니다. 논리적이고 절차적으로 생각하기, 이것이 바로 수학적 사고력의 핵심이자 컴퓨팅 사고력의 기본입니다.

교육과정에 도입된 소프트웨어 교육은 무엇일까?

⚙️ 문제마다 표기되어 있는 수학교과역량은 무엇을 의미합니까?

수학교과역량이란 수학 교육을 통해 길러야 할 기본적이고 필수적인 능력 또는 특성을 말합니다. 『2015 개정 수학과 교육과정』에서는 수학과의 성격을 제시하면서 창의적 역량을 갖춘 융합 인재를 길러내기 위해 6가지 수학교과역량을 제시하고 있습니다.

① 문제 해결 역량

문제 해결 역량이란 해결 방법을 모르는 문제 상황에서 수학의 지식과 기능을 활용하여 해결 전략을 탐색하고, 최적의 해결 방안을 선택하여 주어진 문제를 해결하는 능력을 의미합니다.

② 추론 역량

추론 역량이란 수학적 사실을 추측하고 논리적으로 분석하고 정당화하며 그 과정을 반성하는 능력을 의미합니다.

③ 창의 · 융합 역량

창의 · 융합 역량은 수학의 지식과 기능을 토대로 새롭고 의미있는 아이디어를 다양하고 풍부하게 산출하고 정교화하며, 여러 수학적 지식 · 기능 · 경험을 연결하거나 타 교과 혹은 실생활의 지식 · 기능 · 경험을 수학과 연결 · 융합하여 새로운 지식 · 기능 · 경험을 생성하고 문제를 해결하는 능력을 의미합니다.

④ 의사소통 역량

의사소통 역량은 수학 지식이나 아이디어, 수학적 활동의 결과, 문제 해결 과정, 신념과 태도 등을 말이나 글, 그림, 기호로 표현하고 다른 사람의 아이디어를 이해하는 능력을 의미합니다.

⑤ 정보 처리 역량

정보 처리 역량은 다양한 자료와 정보를 수집 · 정리 · 분석 · 해석 · 활용하고 적절한 공학적 도구나 교구를 선택 · 이용하여 자료와 정보를 효과적으로 처리하는 능력을 의미합니다.

⑥ 태도 및 실천 역량

태도 및 실천 역량은 수학의 가치를 인식하고 사주석 수학 학습 태노와 민주 시민 의식을 갖추어 실천하는 능력을 의미합니다.

⚙ 참고: 소프트웨어 교육 학교급별 내용 요소

영역	초등학교	중학교
생활과 소프트웨어	나와 소프트웨어 • 소프트웨어와 생활 변화	소프트웨어의 활용과 중요성 • 소프트웨어의 종류와 특징 • 소프트웨어의 활용과 중요성
	정보 윤리 • 사이버공간에서의 예절 • 인터넷 중독과 예방 • 개인 정보 보호 • 저작권 보호	정보 윤리 • 개인 정보 보호와 정보 보안 • 지적 재산의 보호와 정보 공유
		정보기기의 구성과 정보 교류 • 컴퓨터의 구성 • 네트워크와 정보 교류*
알고리즘과 프로그래밍	문제 해결 과정의 체험 • 문제의 이해와 구조화 • 문제 해결 방법 탐색	정보의 유형과 구조화 • 정보의 유형 • 정보의 구조화*
		컴퓨팅 사고의 이해 • 문제 해결 절차의 이해 • 문제 분석과 구조화 • 문제 해결 전략의 탐색
	알고리즘의 체험 • 알고리즘의 개념 • 알고리즘의 체험	알고리즘의 이해 • 알고리즘의 이해 • 알고리즘의 설계
	프로그래밍 체험 • 프로그래밍의 이해 • 프로그래밍의 체험	프로그래밍의 이해 • 프로그래밍 언어의 이해 • 프로그래밍의 기초
컴퓨팅과 문제 해결		컴퓨팅 사고 기반의 문제 해결 • 실생활의 문제 해결 • 다양한 영역의 문제 해결

※ 중학교의 '*'표는 〈심화과정〉의 내용 요소임

※ 출처: 소프트웨어 교육 운영 지침(교육부, 2015)

구성과 특장점

초등 코딩 사고력 수학의
체계적인 구성

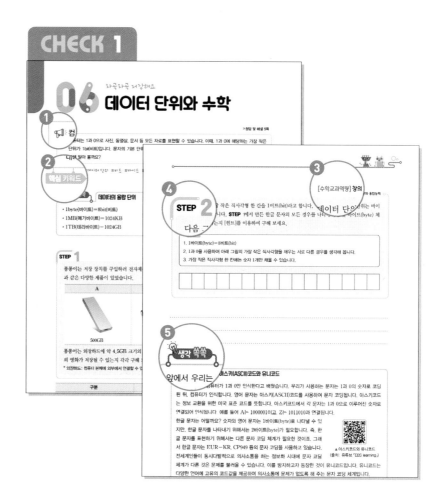

주제별, 개념별로 정리했습니다.

❶ 학습하게 될 내용을 간략하게 소개했습니다.

❷ 반드시 알아 두어야 할 핵심 키워드! 기억해 두세요.

❸ 문제를 해결하면서 향상될 수 있는 수학교과역량을 알 수 있어요.

❹ 주제와 개념에 맞는 문제를 단계별로 연습할 수 있어요.

❺ 주제와 관련된 다양한 학습자료를 제공해 줘요.

초등 코딩 사고력 수학의
특별한 장점

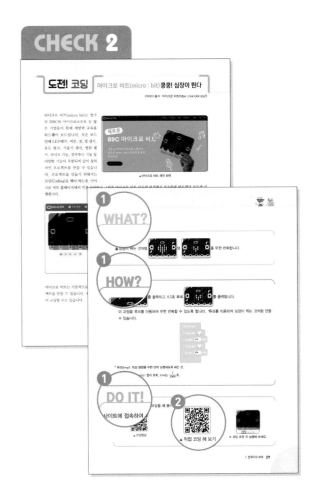

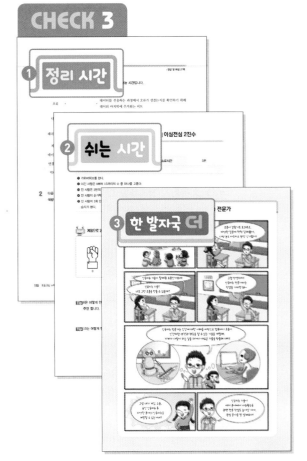

학습한 코딩을 직접 실행해 볼 수 있도록 정리했습니다.

❶ 스크래치, 엔트리 등의 다양한 코딩을 WHAT?, HOW?, DO IT!의 순서로 차근차근 따라해 봐요.

❷ 큐알(QR) 코드를 통해 코딩 실행 영상을 볼 수 있으며, 직접 실행해 볼 수도 있어요.

다양하게 학습을 마무리할 수 있도록 정리했습니다.

❶ 그 단원에서 배운 개념들을 정리해 보는 시간입니다.

❷ 개념과 관련된 플러그드, 언플러그드 게임을 해 보는 시간입니다.

❸ 만화를 통해 배운 내용을 한 번 더 재미있게 정리해 볼 수 있어요.

이 책의 차례

이 책의 차례

5 네트워크를 지켜줘

본문 캐릭터 소개

코코
궁금한 것이 많고 발랄한
12살의 여학생

퐁퐁
친구들에게 알고 있는 지식을
설명해 주는 것을 좋아하는
똑똑한 12살의 남학생

1

컴퓨터의 세계

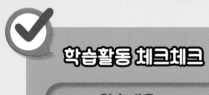

01 컴퓨터를 살펴봐요
컴퓨터와 장치

➤ 정답 및 해설 2쪽

📢 컴퓨터 시스템의 기계 장치들을 우리는 하드웨어라고 합니다. 이 하드웨어들을 유심히 관찰해 보면 사람의 몸과 비슷한 부분들을 쉽게 찾을 수 있어요. 함께 찾아볼까요?

핵심 키워드 #컴퓨터 #하드웨어 #유사성 #CPU

STEP 1

[수학교과역량] 추론능력, 창의·융합능력

컴퓨터의 CPU(중앙 처리 장치)는 인간의 뇌와 비슷한 역할을 합니다. 인간의 뇌가 하는 일을 생각해 보고, 이를 바탕으로 컴퓨터의 CPU가 하는 일이 무엇일지 추측하여, 3가지 이상 적어 보세요.

STEP 2

첫 번째, 두 번째 그림을 보고, 마지막 칸에서 일어날 수 있는 일들을 상상하여 생각나는 대로 적어 보세요.

....

....

....

우리 몸과 컴퓨터

우리 몸과 컴퓨터에는 비슷한 기능을 하는 기관과 장치가 있습니다. 다음 그림을 보며 확인해 봅시다.

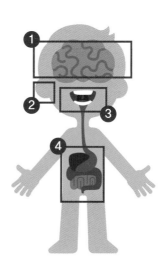

❶ 뇌 - CPU(중앙 처리 장치), 기억 장치

우리 몸을 총괄하여 운영하고 기억을 저장하는 뇌는 컴퓨터의 CPU, 기억 장치와 유사한 기관입니다.

❷ 눈, 귀, 코 등의 감각 기관 - 센서 장치, 입력 장치

눈, 귀, 코는 외부에서 오는 자극을 느끼는 감각 기관입니다. 이들은 컴퓨터의 센서 장치, 입력 장치와 유사한 기관입니다.

❸ 입 - 출력 장치

입은 나의 사고 과정을 바깥으로 표현합니다. 이는 컴퓨터의 출력 장치가 하는 일과 유사합니다.

❹ 심장 - 전원 공급 장치

우리 몸이 움직이기 위해 필요한 에너지를 몸 구석구석 순환시켜 주는 심장은 전원 공급 장치와 유사한 기관입니다.

02 컴퓨터의 부품
하드웨어와 CPU

➤ 정답 및 해설 2쪽

📢 컴퓨터의 하드웨어(Computer hardware)는 모니터, 키보드, 중앙 처리 장치, 기억 장치, 그래픽 카드, 사운드 카드, 메인보드와 같은 컴퓨터의 물리적인 부품을 의미합니다. 하드웨어는 입력, 연산, 기억, 제어, 출력의 총 5가지 기능을 담당하는 장치로 구성되어 있어요.

핵심 키워드 #하드웨어 #입력 장치 #연산 장치 #기억 장치 #제어 장치 #출력 장치

컴퓨터 하드웨어(Computer hardware)와 중앙 처리 장치(CPU)

컴퓨터 하드웨어는 물리적인 장치로, 컴퓨터와 그 주변기기를 말합니다. 일반적으로 하드웨어는 연산 장치, 기억 장치, 제어 장치, 입력 장치, 출력 장치의 5개로 구성되어 있습니다. 연산 장치(arithmetic unit)는 4칙 연산과 논리 연산(AND · OR · NOT)을 주관하는 장치입니다. 기억 장치(Memory unit)는 데이터와 명령 등을 저장하는 장치로, 주기억 장치와 보조기억 장치로 나뉩니다. 제어 장치(Control unit)는 기억 장치(메모리)에 저장되어 있는 명령을 읽고 해석하여 명령을 실행하는 신호를 보내어 각 장치의 동작을 지시하는 장치입니다.

중앙 처리 장치(CPU: Central Processing unit)는 컴퓨터 시스템 전체를 제어하는 장치로, 컴퓨터의 뇌에 해당한다고 말할 수 있을 만큼 컴퓨터의 하드웨어에서 가장 중요한 부분입니다. 중앙 처리 장치는 외부에서 데이터나 명령을 주기억 장치로부터 받아 중앙 처리 장치 내부에 기억하고, 이를 해석하고 연산하여 외부로 출력하는 총 과정을 제어하는 장치입니다.

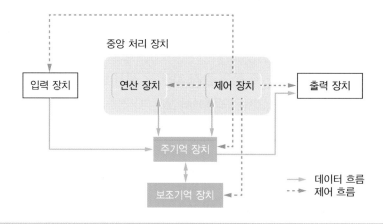

STEP 1

입력 장치(Input Device)란 컴퓨터에 데이터를 입력하기 위한 장치로, 문자, 그림, 소리 또는 사용자의 명령을 컴퓨터에 전달하는 장치입니다. 대표적인 것으로 [㉠]가(이) 있습니다.

한편, 출력 장치(Output Device)는 컴퓨터가 디지털 신호를 사람이 이해할 수 있는 소리, 글자, 이미지 등으로 출력하는 장치입니다. 대표적인 것으로 [㉡]가(이) 있습니다.

요즈음엔 [㉢]과(와) 같이 입력/출력이 모두 가능한 장치도 있습니다.

보기

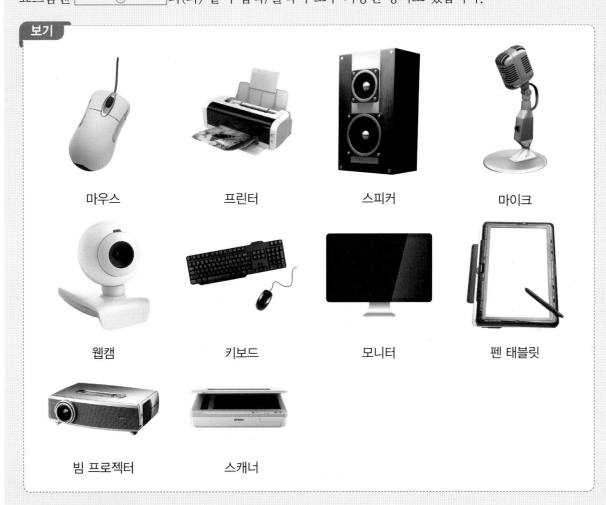

| 마우스 | 프린터 | 스피커 | 마이크 |

| 웹캠 | 키보드 | 모니터 | 펜 태블릿 |

| 빔 프로젝터 | 스캐너 |

㉠, ㉡에 들어갈 하드웨어 장치를 [보기]에서 모두 골라 쓰고, ㉢에 들어갈 수 있는 장치에는 무엇이 있을지 생각하여 써 보세요.

㉠ _____

㉡ _____

㉢ _____

STEP 2

서로 성능이 다른 연산 장치 A, B, C로 음악 편집 작업을 하려고 합니다. 각각의 연산 장치를 단독으로 이용할 경우, 음악 편집 작업에 걸리는 시간은 다음과 같습니다.

연산 장치	음악 편집 작업에 걸리는 시간
A	3시간
B	2시간
C	6시간

연산 장치 A와 C만을 이용하여 음악 편집 작업을 할 때 걸리는 시간과 연산 장치 A, B, C를 모두 이용하여 음악 편집 작업을 할 때 걸리는 시간을 각각 구해 보세요.(단, 3개의 연산 장치를 통합해 사용하더라도 성능의 변화는 없습니다.)

A+C		시간	A+B+C		시간

코어(Core)와 클럭(Clock)

중앙 처리 장치(CPU)의 성능을 이야기할 때, 코어(Core)와 클럭(Clock)을 빼놓을 수 없습니다. 코어(Core)란, CPU의 핵심 연산 처리 장치로 코어가 많을수록 한번에 많은 일을 할 수 있습니다. 1개의 코어는 싱글코어, 2개는 멀티코어, 4개는 쿼드코어 등 개수에 따라 코어의 명칭이 달라집니다. 코어가 많으면 한번에 많은 데이터를 처리할 수 있으므로 CPU의 처리 속도가 빨라집니다.

클럭(Clock)은 CPU의 연산 처리 속도를 나타내는 단위입니다. 1초당 CPU 내부에서 몇 단계의 작업이 진행되는지를 주파수의 단위인 헤르츠(Hz)로 나타냅니다. 클럭 또한 CPU의 처리 속도를 판단할 수 있는 중요한 지표입니다.

여러 개의 작업을 동시에 해야 하는 영상 편집 작업, 프로그래머, 음악 편집 등의 작업은 코어의 개수가 중요하며, 게이밍(Gaming)과 같이 한 작업의 속도가 빨라야 하는 경우에는 연산 처리 속도인 클럭이 중요합니다.

컴퓨터의 언어와 2진수

▶ 정답 및 해설 3쪽

1
단원

📢 우리가 일상생활에서 사용하는 수 체계는 0부터 9까지 총 9개의 숫자로 이루어져 있습니다. 이러한 수 체계를 10진수라고 해요. 한편, 2진수는 1과 0의 두 개의 숫자로 이루어진 수 체계입니다. 지금부터 2진수의 수 세계를 차근차근 탐구해 볼까요?

핵심 키워드 #10진수 #2진수 #자릿값 #진수 변환

STEP 1

[수학교과역량] 추론능력, 창의·융합능력

다음 표는 2진수의 자릿값을 10진수로 나타낸 것입니다.

구분	여덟째 자리	일곱째 자리	여섯째 자리	다섯째 자리	넷째 자리	셋째 자리	둘째 자리	첫째 자리
2진수	1	1	1	1	1	1	1	1
10진수	128	64	32	16	8	4	2	1

2진수의 자릿값에서 발견할 수 있는 규칙은 무엇인지 써 보세요.

윈도우 기본 계산기로 진수 변환을 쉽게 할 수 있다?!

1. 윈도우에 설치되어 있는 기본 계산기 프로그램을 열어 보세요.
2. 계산기 왼쪽 상단의 버튼을 눌러 프로그래머 모드로 변경하세요.
3. DEC를 클릭한 후 원하는 10진수의 값을 입력하세요.
4. BIN 부분에 2진수의 값이 나타납니다.
5. 8진수와 16진수의 값이 궁금한가요? 8진수는 OCT, 16진수는 HEX 부분을 확인해 보면 됩니다.

STEP 2-1

다음은 **STEP 1**의 2진수의 자릿값을 10진수로 나타낸 표를 이용하여 2진수를 10진수로 변환하는 방법입니다.

2진수	2진수 → 10진수	10진수
0	0×1	0
1	1×1	1
10	$1 \times 2 + 0 \times 1$	2
11	$1 \times 2 + 1 \times 1$	3
100	$1 \times 4 + 0 \times 2 + 0 \times 1$	4
101	$1 \times 4 + 0 \times 2 + 1 \times 1$	5
110	$1 \times 4 + 1 \times 2 + 0 \times 1$	6
111	$1 \times 4 + 1 \times 2 + 1 \times 1$	7
1000	$1 \times 8 + 0 \times 4 + 0 \times 2 + 0 \times 1$	8

위의 변환하는 방법을 참고하여 2진수 1010과 11011을 10진수로 나타내어 보세요.

2진수	10진수
1010	
11011	

STEP 2-2

[수학교과역량] 추론능력, 창의·융합능력

코코는 퐁퐁이로부터 자물쇠로 잠겨져 있는 생일 선물을 받았습니다. 코코는 10진수를 2진수로 나타내는 [예시]와 상자에 붙어있는 쪽지의 [힌트]를 이용하여 자물쇠의 비밀문자를 해독하고, 선물을 확인했습니다.

예시

STEP 1의 표를 이용하여 10진수 25를 2진수로 나타내어 봅시다.

$$25 = 16 + 8 + 1 \rightarrow 11001$$

25는 $16 + 8 + 1$의 덧셈으로 나타낼 수 있는데, 이것은 2진수의 다섯째 자리, 넷째 자리, 첫째 자리의 수의 조합입니다.

따라서 10진수 25를 2진수로 나타내면 11001입니다.

이와 같이 10진수의 수를 2진수의 자릿값의 덧셈식으로 나타내어 2진수를 구할 수 있습니다.

10진수 35는 $35 = 32 + 2 + 1$이므로 2진수 100011이다.

힌트

1. 다음의 수를 2진수로 바꿔 보세요.

   23 28 29 27 30

2. 아래의 암호문을 이용하여 2진수에서 숫자 0이 있는 자리의 영문자를 순서대로 나열하세요.

23	C	B	D	F	G
28	P	U	E	I	N
29	S	L	X	A	H
27	N	M	R	Z	K
30	O	I	E	V	Y

※ 예를 들어 25를 2진수로 바꾸면 11001이므로 25가 나타내는 영문자는 UI입니다.

25	1	1	0	0	1
	A	I	U	I	L

위의 [힌트]를 이용하여 코코가 받은 선물에 채워져 있던 자물쇠의 비밀문자는 무엇인지 해독해 보세요.

....

....

....

....

....

....

04 비트와 영어 문자

➡ 정답 및 해설 4쪽

📢 '코코의 키는 135 cm이다.' 이 문장 속 cm는 무엇일까요? cm는 길이를 나타내는 단위입니다. 이와 마찬가지로 컴퓨터에도 데이터의 크기를 나타내는 단위가 있습니다. 컴퓨터가 가지는 가장 작은 정보 단위는 1비트(bit)입니다. 1비트(bit)는 1과 0으로 나타낼 수 있는 가장 작은 크기입니다. 즉, 1비트로는 1과 0이라는 2가지 경우를 표현할 수 있지요.

핵심 키워드 #비트 #데이터 단위 #경우의 수 #영어 문자

STEP 1

[수학교과역량] 추론능력

다음 그림과 같은 직사각형 중에서 가장 작은 한 칸의 크기를 1비트(bit)라고 합니다. 그림의 4비트(bit)를 모두 사용할 수 있다고 할 때, 1과 0을 사용하여 서로 다른 경우를 모두 몇 가지 만들 수 있는지 구해 보세요.(단, 가장 작은 직사각형 한 칸에는 숫자 1개만 채울 수 있습니다.)

STEP 2

[수학교과역량] 추론능력, 문제해결능력

코코는 잡지 기사를 읽다가 컴퓨터가 영어 문자를 나타낼 때 사용되는 가장 작은 단위는 1바이트(byte)라는 사실을 알게 되었습니다. 1바이트(byte)는 8비트(bit)와 크기가 같습니다. 즉, 1바이트(byte)는 컴퓨터가 읽을 수 있는 수(1과 0)를 사용하여 아래의 그림과 같은 1비트(bit)짜리 직사각형 여덟 칸을 채울 수 있는 서로 다른 모든 경우의 수입니다. 영어 문자를 표현하기 위해서는 8비트(bit)를 모두 사용해야 합니다. 1과 0을 사용하여 다음의 빈 칸을 모두 채울 때, 서로 다른 경우는 모두 몇 가지인지 구해 보세요.(단, 가장 작은 직사각형 한 칸에는 숫자 1개만 채울 수 있습니다.)

문자와 비트

문자마다 사용하는 데이터 크기가 다른 것을 알고 있나요?

영어 문자, 숫자는 1바이트(byte)를, 한글 문자, 한자, 일부 기호는 2바이트(byte)를 사용한다고 합니다. 왜 이런 차이가 날까요? 문자 체계의 차이 때문입니다. 영어 문자, 숫자, 기호는 1바이트(byte)의 크기 안에서 모든 글자가 표현될 수 있습니다. 하지만 한글 문자, 한자, 일부 기호는 1바이트(byte)로는 모든 문자를 표현할 수 없습니다. 따라서 2바이트(byte)를 사용하게 되었습니다.

05 컴퓨터처럼 표현해요
비트와 한글 문자

➤ 정답 및 해설 4쪽

📢 한글 문자를 표현할 때에도 컴퓨터는 데이터를 사용합니다. 한글은 자음과 모음 여러 개가 모여서 하나의 글자를 구성합니다. 한글 문자는 모두 몇 가지 경우를 만들 수 있는지, 한글 문자를 표현하기 위해서 몇 비트가 필요한지 알아봅시다.

핵심 키워드 #비트 #데이터 단위 #경우의 수 #한글 문자

STEP 1
[수학교과역량] 창의·융합능력

한글 문자는 초성, 중성, 종성으로 구성되어 있습니다.

초성
중성 = ㄱ ㅏ ➡ 강
종성 ㅇ

초성, 중성, 종성에 들어갈 수 있는 글자는 다음과 같습니다.

초성	ㄱ·ㄲ·ㄴ·ㄷ·ㄸ·ㄹ·ㅁ·ㅂ·ㅃ·ㅅ·ㅆ·ㅇ·ㅈ·ㅉ·ㅊ·ㅋ·ㅌ·ㅍ·ㅎ
중성	ㅏ·ㅑ·ㅓ·ㅕ·ㅗ·ㅛ·ㅜ·ㅠ·ㅡ·ㅣ·ㅐ·ㅒ·ㅔ·ㅖ·ㅘ·ㅙ·ㅚ·ㅝ·ㅞ·ㅟ·ㅢ
종성	ㄱ·ㄲ·ㄳ·ㄴ·ㄵ·ㄶ·ㄷ·ㄹ·ㄺ·ㄻ·ㄼ·ㄽ·ㄾ·ㄿ·ㅀ·ㅁ·ㅂ·ㅄ·ㅅ·ㅆ·ㅇ·ㅈ·ㅊ·ㅋ·ㅌ·ㅍ·ㅎ

한글 문자는 모두 몇 가지 경우를 만들 수 있는지 구해 보세요.

STEP 2

다음 그림에서 가장 작은 직사각형 한 칸을 1비트(bit)라고 합니다. 문자 체제의 데이터 단위는 바이트(byte)를 사용합니다. **STEP 1**에서 만든 한글 문자의 모든 경우를 나타내려면 몇 바이트(byte) 체제를 사용해야 하는지 [힌트]를 이용하여 구해 보세요.

─ 힌트 ─

1. 1바이트(byte)＝8비트(bit)

2. 1과 0을 사용하여 아래 그림의 가장 작은 직사각형을 채우는 서로 다른 경우를 생각해 봅니다.

3. 가장 작은 직사각형 한 칸에는 숫자 1개만 채울 수 있습니다.

★ 아스키(ASCII)코드와 유니코드

앞에서 우리는 컴퓨터가 1과 0만 인식한다고 배웠습니다. 우리가 사용하는 문자는 1과 0의 숫자로 코딩된 뒤, 컴퓨터가 인식합니다. 영어 문자는 아스키(ASCII)코드를 사용하여 문자 코딩됩니다. 아스키코드는 정보 교환을 위한 미국 표준 코드를 뜻합니다. 아스키코드에서 각 문자는 1과 0으로 이루어진 숫자로 연결되어 인식됩니다. 예를 들어 A는 1000001이고, Z는 1011010과 연결됩니다.

한글 문자는 어떨까요? 숫자와 영어 문자는 1바이트(byte)로 나타낼 수 있지만, 한글 문자를 나타내기 위해서는 2바이트(byte)가 필요합니다. 즉, 한글 문자를 표현하기 위해서는 다른 문자 코딩 체계가 필요한 것이죠. 그래서 한글 문자는 EUR－KR, CP949 등의 문자 코딩을 사용하고 있습니다. 전세계인들이 동시다발적으로 의사소통을 하는 정보화 시대에 문자 코딩 체계가 다른 것은 문제를 불러올 수 있습니다. 이를 방지하고자 등장한 것이 유니코드입니다. 유니코드는 다양한 언어에 고유의 코드값을 제공하여 의사소통에 문제가 없도록 해 주는 문자 코딩 체계입니다.

▲ 아스키코드와 유니코드
(출처: 유튜브 「EBS learning」)

06 데이터 단위와 수학

차곡차곡 저장해요

정답 및 해설 5쪽

📢 컴퓨터는 1과 0으로 사진, 동영상, 문서 등 모든 자료를 표현할 수 있습니다. 이때, 1과 0에 해당하는 가장 작은 단위가 1bit(비트)입니다. 문자의 기본 단위는 8개의 bit(비트)를 묶어 1byte(바이트)라고 합니다. 데이터 단위에 대해 알아 볼까요?

핵심 키워드 #데이터 단위 #비트 #바이트 #킬로바이트 #메가바이트 #기가바이트 #테라바이트

 생각 쏙쏙

데이터의 용량 단위

- 1byte(바이트)=8bit(비트)
- 1KB(킬로바이트)=1024byte
- 1MB(메가바이트)=1024KB
- 1GB(기가바이트)=1024MB
- 1TB(테라바이트)=1024GB

STEP 1

[수학교과역량] 문제해결능력, 정보처리능력

퐁퐁이는 저장 장치를 구입하러 전자제품 매장에 갔습니다. *외장하드를 모아 놓은 곳에 가니 다음과 같은 다양한 제품이 있었습니다.

A	B	C
500GB	1TB	2TB

퐁퐁이는 외장하드에 약 4.5GB 크기의 영화들을 저장하고 싶습니다. 각각의 외장하드에 최대 몇 편의 영화가 저장될 수 있는지 각각 구해 보세요.

* 외장하드: 컴퓨터 본체에 외부에서 연결할 수 있는 것으로, 대용량을 저장할 수 있는 장치.

구분	A	B	C
저장할 수 있는 최대 영화 수	편	편	편

STEP 2

풍풍이는 고민 끝에 1TB 용량의 외장하드 B를 구입했습니다. 외장하드 B에 다음과 같은 파일을 저장하려고 할 때, 파일을 저장하고 남은 외장하드 B의 용량은 몇 GB인지 구해 보세요.

B

1TB

파일	용량	개수
사진	512KB	1024개
영화	4.5GB	15편
음악	8MB	320곡

....

....

....

(   )GB

 **데이터의 과거와 현재, 그리고 미래**

1990년대 초에는 KB(킬로바이트) 단위가 가장 많이 사용되었고, 1990년대 말에는 MB(메가바이트) 단위가 사용되기 시작했습니다. 2000년대에 이르러 인터넷이 활발하게 발달하며 GB(기가바이트)가 보편화되기 시작하고, 2010년대에는 개인 PC에 TB(테라바이트)급의 저장 장치가 일반화되었습니다. 불과 20년 만에 엄청난 속도로 저장할 수 있는 용량이 크게 늘어났습니다. 미래에는 얼마나 더 빠르게 변화할까요? 그렇다면 TB(테라바이트)보다 큰 공식 단위에는 무엇이 있을까요?

1PB(페타바이트)=1024TB

1EB(엑사바이트)=1024PB

1ZB(제타바이트)=1024EB

1YB(요타바이트)=1024ZB

인터넷 통신의 발달로 엄청난 빅데이터가 생산되는 요즘, 2025년까지 무려 163ZB(제타바이트)까지 저장 장치의 용량이 증가한다고 합니다.

07 컴퓨터처럼 표현해요
문자 처리하기

➤ 정답 및 해설 6쪽

📢 문자도 그 길이가 길어지면 많은 데이터를 필요로 합니다. 하지만 컴퓨터 속 데이터 용량에는 한계가 있습니다. 이럴 때 컴퓨터는 중복된 부분을 가공하여 데이터 공간을 효율적으로 사용하기도 해요.

핵심 키워드 #규칙 찾기 #문자 메시지 #중복

STEP 1
[수학교과역량] **추론능력**

다음과 같은 메시지를 보고, 중복되는 단어를 삭제하여 메시지 용량을 줄이려고 합니다. 중복되는 단어를 삭제하였을 때, 메시지의 용량은 총 몇 바이트(byte)가 줄어드는지 구해 보세요.(단, 한글 한 글자는 2바이트(byte), 빈 칸은 1바이트(byte)의 용량을 차지합니다.)

> 바람 불어도 괜찮아요
> 괜찮아요 괜찮아요
> 쌩쌩 불어도 괜찮아요
> 나는 나는 괜찮아요

💡 **생각 쏙쏙** | **압축**

압축이란 데이터를 좀 더 작은 용량으로 줄이는 것을 말합니다. 데이터의 용량을 줄임으로써 저장 장치의 여유 공간을 확보하거나 전송 시간을 단축할 수 있습니다. 데이터 용량을 줄이기 위해 좀 더 적은 수의 비트를 사용하여 부호화하는 방식을 사용합니다.

STEP 2

코코는 퐁퐁이에게 보낼 문자 메시지를 적고 있습니다. 신나게 내용을 적고 있는데, 어느 순간부터 메시지가 더 이상 작성되지 않는 것을 발견했습니다. 화면 오른쪽 아래를 보니 '용량 초과'라고 적힌 빨간 경고 문구가 보였습니다.

나 간식 필요해
간식 사다 줘
고구마 필요해
음료수 필요해
고구마 그리고 음료수
다 필요해
고마워 간식 같이 먹어

용량 초과

"메시지 용량이 다 찼나봐! 중복되는 부분을 다 지워버리면 의미 전달이 안 될 거야. 중복되는 부분을 기호로 바꿔서 전송해야겠다. 한글 문자는 2바이트(byte)니까, 1바이트(byte) 크기의 기호로 바꾸면 용량이 줄어들 거야."

코코를 도와서 문자 메시지의 중복되는 부분을 기호를 사용하여 바꾸려고 할 때, 기호로 바꾼 뒤 문자 메시지의 용량은 총 몇 바이트(byte) 줄어드는지 구해 보세요.(단, 간식은 #, 필요해는 !, 고구마는 %, 음료수는 *로 바꿉니다.)

08 사진을 줄여요
화소와 이미지 압축

➤ 정답 및 해설 6쪽

📢 이미지는 해상도가 높을수록 숫자나 문자보다 차지하는 용량이 큽니다. 따라서 컴퓨터에서는 사진과 같은 이미지를 전송할 때, 압축해서 보냅니다. 이미지를 압축해서 보내면 용량을 줄일 수 있고, 전송 시간도 많이 줄일 수 있어 효율적이기 때문입니다. 이미지는 화소(Pixel)로 이루어져 있는데, 이미지를 정해진 규칙에 따라 압축해 볼까요?

핵심 키워드 #화소 #픽셀 #이미지 압축

STEP 1
[수학교과역량] 추론능력, 창의·융합능력

다음은 이미지를 압축하는 [규칙]입니다.

• 규칙 •

1. 이미지의 크기에 상관없이 모두 흰색이면 w(white)로, 모두 검은색이면 b(black)로 표시합니다.

□ : w ,   □ : w ,   ■ : b ,   ■ : b

2. 픽셀이 모두 같은 색이 아니면, 2×2 픽셀로 나누어 압축합니다.

이때, 2×2 픽셀로 나눈 다음 **예**와 같은 순서로 나타냅니다. 합친 픽셀도 같은 순서로 나타냅니다.

예

: wbbw,   [1 2 / 3 4] : 1 2 3 4

다음에서 ㉠, ㉡, ㉢을 채워 보세요.

□ : wbwb

□ ➡ □ : ㉠ ➡ ㉢

□ : b

□ : ㉡

㉠ : _____ , ㉡ : _____ , ㉢ : _____

STEP 2

STEP 1의 이미지 압축 규칙을 바탕으로 다음 8×8 픽셀 이미지를 압축해 보세요.

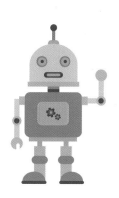

4×4 픽셀을 2×2 픽셀 4개로 나눈 것처럼,
8×8 픽셀은 4×4 픽셀로, 4×4 픽셀은 다시
2×2 픽셀로 차근차근 나눠서 나타내어 보면
어떨까요?

➤ 정답 및 해설 7쪽

📢 모니터 속의 그림을 확대했을 때 이미지의 화질이 떨어지는 현상을 경험해 본 적이 있나요? 이것은 컴퓨터가 이미지를 표현하는 방식 때문에 생겨나는 현상이랍니다. 지금부터 2진수를 활용하여 컴퓨터처럼 그림을 그려 볼까요?

핵심 키워드 #10진수 #2진수 #컴퓨터의 언어 #비트맵(bitmap)

STEP 1

[수학교과역량] 추론능력

아래 [규칙]을 활용하여 다음 이미지를 완성해 보세요.

• 규칙 •

- 숫자는 연속하는 같은 색의 픽셀 수를 뜻한다.
- 색이 달라질 때는 ' , '를 사용하여 구분한다.
- 첫 번째 숫자가 0일 때에는 흰색 픽셀로 시작하고, 이때 두 번째 숫자는 연속하는 흰색 픽셀 수를 뜻한다. 그 다음부터는 일반 규칙을 따른다.(단, 숫자가 0이 나올 경우에도 ' , '를 사용해 구분한다.

• 예시 •

| 1, 1, 1, 4, 2 | ■ | □ | ■ | □ | □ | □ | ■ | ■ |
| 0, 1, 4, 2, 1, 1 | □ | ■ | ■ | ■ | ■ | □ | □ | ■ |

1, 18, 1																				
0, 1, 2, 14, 2, 1																				
0, 2, 2, 12, 2, 2																				
0, 3, 2, 10, 2, 3																				
0, 4, 12, 4																				
0, 3, 14, 3																				
0, 2, 16, 2																				
0, 1, 18, 1																				
5, 2, 6, 2, 5																				
5, 2, 6, 2, 5																				
20																				
20																				
20																				
20																				
4, 12, 4																				
0, 1, 4, 10, 4, 1																				
0, 2, 16, 2																				
0, 3, 14, 3																				
0, 4, 12, 4																				
0, 5, 10, 5																				
0, 6, 8, 6																				

STEP 2

다음 [규칙]을 이용하여 검정색, 흰색, 파랑색으로 구성된 아래의 이미지를 완성해 보세요.

규칙

- 첫 번째 숫자는 연속하는 같은 색의 픽셀 수를 뜻한다.
- 두 번째 숫자는 색의 정보를 뜻한다.
- 1은 검정색, 2는 흰색, 3은 파랑색을 나타낸다.
- 색이 달라질 때는 ' , '를 사용하여 구분한다.

예시

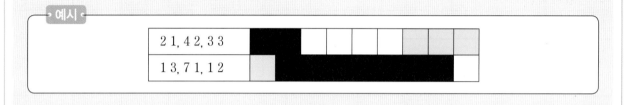

| 2 1, 4 2, 3 3 | | | | | | | | |
| 1 3, 7 1, 1 2 | | | | | | | | |

1 3, 3 2, 1 3, 1 1, 3 2, 1 1, 1 3, 3 2, 1 3																	
2 3, 1 2, 2 3, 2 1, 1 2, 2 1, 2 3, 1 2, 2 3																	
5 3, 5 1, 5 3																	
2 3, 1 2, 2 3, 2 1, 1 2, 2 1, 2 3, 1 2, 2 3																	
1 3, 3 2, 1 3, 1 1, 3 2, 1 1, 1 3, 3 2, 1 3																	
1 1, 3 2, 1 1, 1 3, 3 2, 1 3, 1 1, 3 2, 1 1																	
2 1, 1 2, 2 1, 2 3, 1 2, 2 3, 2 1, 1 2, 2 1																	
5 1, 5 3, 5 1																	
2 1, 1 2, 2 1, 2 3, 1 2, 2 3, 2 1, 1 2, 2 1																	
1 1, 3 2, 1 1, 1 3, 3 2, 1 3, 1 1, 3 2, 1 1																	
1 3, 3 2, 1 3, 1 1, 3 2, 1 1, 1 3, 3 2, 1 3																	
2 3, 1 2, 2 3, 2 1, 1 2, 2 1, 2 3, 1 2, 2 3																	
5 3, 5 1, 5 3																	
2 3, 1 2, 2 3, 2 1, 1 2, 2 1, 2 3, 1 2, 2 3																	
1 3, 3 2, 1 3, 1 1, 3 2, 1 1, 1 3, 3 2, 1 3																	

 **벡터(vector)와 비트맵(bitmap) 이미지**

벡터(vector) 이미지는 수학적 함수를 활용하여 만들어진 이미지 형식입니다. 이미지의 모양, 위치, 크기, 색깔 등 다양한 정보를 함수로 구성하여 표현합니다. 그래서 확대를 하더라도 이미지가 깨지지 않습니다. 또한, 수학적 함수를 사용하기 때문에 용량이 크지 않습니다. 다만, 복잡한 색상 표현, 정밀한 묘사 등을 위하여 수학 함수를 복잡하게 사용하여야 하기 때문에 처리 시간이 오래 걸릴 수 있다는 단점이 있습니다. 벡터는 ai, fla 등의 파일 확장자를 사용합니다.

비트맵(bitmap)은 비트(bit)의 집합이 만든 이미지 형식입니다. 비트맵 형식의 이미지 파일은 점들을 모아 만들기 때문에 더 작은 점들로 촘촘하게 이미지를 구성할수록 화질이 높아집니다. 하지만 점들로 구성된 이미지이기 때문에 많이 확대할 경우 이미지의 경계선에 단차가 발생하는 계단 현상이 발생하는 단점이 있습니다. 비트맵은 gif, jpeg, png, tiff, bmp, pct, pcx 등의 파일 확장자를 사용합니다.

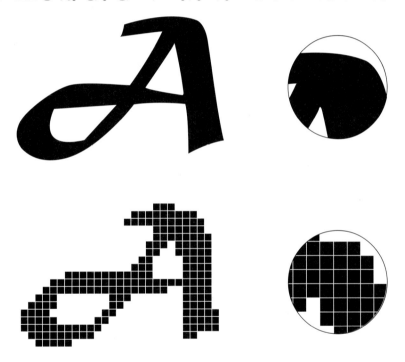

10 4색 정리와 수학

➤ 정답 및 해설 8쪽

📢 4색 정리란 평면을 여러 부분으로 나누고 각 부분에 색을 칠할 때, 서로 맞닿은 부분을 다른 색으로 칠한다면 네 가지 색 이하로도 평면 전체를 칠할 수 있다는 정리입니다. 이 정리는 지도에서 서로 맞닿은 지역은 다른 색으로 칠한다는 것에서 착안하여 만들어졌어요.

핵심 키워드 #4색 정리 #RGB #지도 색칠하기 #위상수학 #그래프 이론

STEP 1

[수학교과역량] 창의·융합능력

코코는 노란색, 빨간색, 파랑색, 초록색의 4가지의 색의 색연필을 이용하여 다음 그림을 색칠하려고 합니다. 서로 맞닿은 부분을 다른 색으로 칠해 그림을 다양하게 완성해 보세요.(단, 각 영역에는 한 가지 색만 칠해야 합니다.)

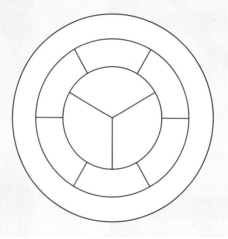

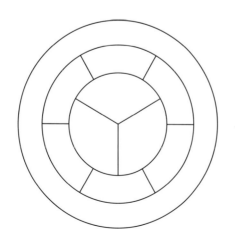
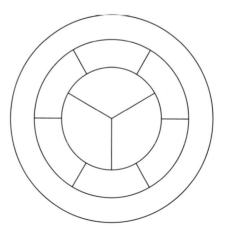

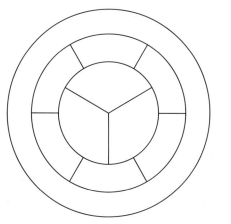
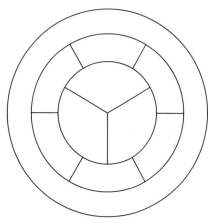

4색 정리

1852년 영국의 식물학자 프란시스 구스리(Fransis Guthrie)는 영국 지도를 구획별로 색칠하던 중 4가지 색만 있으면 인접한(맞닿은) 지역끼리 서로 겹치지 않게 칠할 수 있다는 것을 깨달았습니다. 프란시스 구스리는 다른 지도의 경우에도 4가지 색으로만 칠할 수 있는지 궁금해졌습니다.

이것은 저명한 수학자들에 의해 '4색 정리(또는 4색 문제)'라는 이름으로 알려지게 되었습니다. 많은 수학자들이 4색 정리를 증명했지만, 엉터리인 경우가 많았습니다. 이후 1960년대 독일의 하인리히 헤쉬(Heinrich Heesch)는 컴퓨터를 이용해 문제를 증명하려는 새로운 시도를 하였습니다. 하지만 증명을 끝내지 못한 채 연구를 중단하고 맙니다. 1976년 미국 수학자인 볼프강 아펠과 케네스 하켄은 평면그래프를 유형별로 나누고, 각각의 경우를 계산해 줄 알고리즘을 만들었습니다. 이 알고리즘은 컴퓨터 두 대에 의해 연산되어졌고, 50여 일 동안 컴퓨터가 연산을 수행한 결과 4색 정리가 증명되었습니다. 이는 컴퓨터의 힘을 빌려 오랜 수학적 난제를 해결한 대표적인 사례로 꼽히고 있습니다.

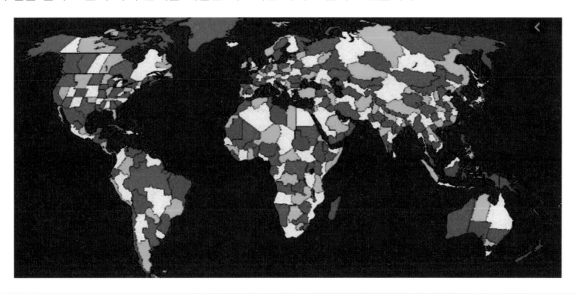

STEP 2

다음 [그림 1]은 유럽 지도의 일부분입니다. 이 지도를 [그림 2]와 같이 간단하게 *도식화하였을 때,
STEP 1의 4색 정리를 이용하여 색칠해 보세요.(단, 각 영역에는 한 가지 색만 칠해야 합니다.)

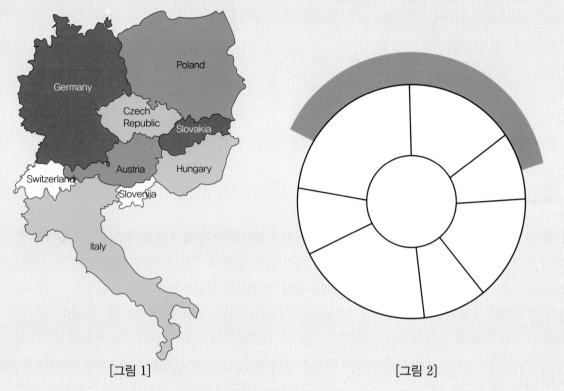

[그림 1]

[그림 2]

* 도식화: 사물의 구조, 관계, 변화 상태를 일정한 양식이나 그림으로 나타내는 것.

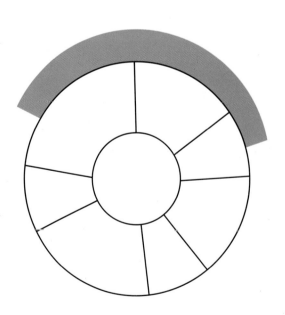

도전! 코딩 마이크로 비트(micro : bit) 쿵쿵! 심장이 뛴다

(이미지 출처: 마이크로 비트(https://microbit.org/))

마이크로 비트(micro bit)는 영국의 BBC와 마이크로소프트 등 많은 기업들이 함께 개발한 교육용 하드웨어 보드입니다. 작은 보드 안에 LED램프, 버튼, 핀, 빛 센서, 온도 센서, 기울기 센서, 방위 센서, 라디오 기능, 블루투스 기능 등 다양한 기능이 포함되어 있어 창의적인 프로젝트를 만들 수 있습니다. 프로젝트를 만들기 위해서는 코딩(Coding)을 해야 하는데, 마이

▲ 마이크로 비트 메인 화면

크로 비트 홈페이지에서 직접 코딩하고 그것을 마이크로 비트 보드에 연결해서 전송하면 하드웨어 보드에 실행됩니다.

▲ 마이크로 비트 블록코딩 장면

마이크로 비트는 기본적으로 블록코딩으로도 프로그래밍을 할 수 있어 남녀노소 누구나 쉽게 재미있는 프로젝트를 만들 수 있습니다. 파이선(Python)이나 스크래치(Scratch)와 같은 다른 프로그래밍 도구를 활용하여 코딩할 수도 있습니다.

쿵쿵! 쿵쿵!

심장은 우리 몸에 혈액을 순환시키는 아주 중요한 기관입니다. 심장은 근육으로 이루어져 있어서 수축과 이완을 반복하며 혈액을 온 몸에 공급하는 펌프 역할을 합니다. 이때, 수축과 이완 작용에 의해 심장박동이 일어나는데, 휴식 상태에서 심장박동은 보통 1분에 60~70회 반복한다고 합니다. 심장박동은 하루 평균 10만 번 정도 일어나며, 70세를 기준으로 평생 26억 번을 수축합니다. 또한, 한 번 심장이 수축할 때 대략 80mL 정도의 혈액을 내보내므로 1분당 약 5L의 피가 심장을 거쳐 우리 몸을 돌고 40~50초 만에 다시 되돌아오게 됩니다.

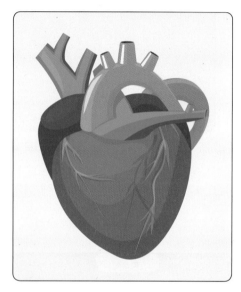

심장의 수축과 이완 작용에 의해 일어나는 심장박동 모습을 마이크로 비트(micro bit)를 이용하여 표현해 볼까요?

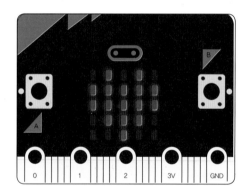

▲ 심장박동
(출처: 유튜브 「micro:bit Educational Foundation」)

WHAT?

→ 심장이 뛰는 것처럼  와  를 무한 반복합니다.

HOW?

→  를 출력하고, 0.5초 후에  를 출력합니다.

이 과정을 루프를 이용하여 무한 반복할 수 있도록 합니다. *루프를 이용하여 심장이 뛰는 것처럼 만들 수 있습니다.

* 루프(loop): 특정 명령을 무한 반복 실행하도록 하는 것.

* ms(millisecond; ms): 밀리 초로, 1ms는 $\frac{1}{1000}$초.

DO IT!

사이트에 접속하여 직접 코딩을 해 봅니다.

▲ 코딩영상

▲ 직접 코딩 해 보기

※ 코딩 후엔 꼭 실행해 보세요.

▶ 정답 및 해설 8쪽

〈1단원-컴퓨터의 세계〉를 학습하며 배운 개념들을 정리해 보는 시간입니다.

1 용어에 알맞은 설명을 선으로 연결해 보세요.

입력 장치 •		• 화면을 채우고 있는 가장 작은 단위의 점
화소 •		• 1과 0의 두 개의 숫자로 이루어진 수 체계
비트(bit) •		• 컴퓨터에 데이터를 입력하기 위한 장치
출력 장치 •		• 컴퓨터가 디지털 신호를 사람이 이해할 수 있는 소리, 글자, 이미지 등으로 출력하는 장치
2진수 •		• 컴퓨터가 가지는 가장 작은 정보 단위

2 '나만의 용어 사전 만들기' 활동 입니다. 1번에 제시된 용어를 모두 사용하여, 이번 단원에서 배운 내용을 나만의 말로 풀어서 설명해 보세요.

인원	2인	소요시간	5분
방법			

❶ 가위바위보를 한다.

❷ 이긴 사람은 0부터 15까지의 수 중 하나를 고른다.

❸ 진 사람은 3번의 기회 안에 이긴 사람이 고른 수를 맞춰야 한다.

❹ 진 사람이 손가락으로 2진수를 표시하면, 이긴 사람은 그 수가 자신이 고른 수보다 큰 지, 작은 지 대답해 준다.

❺ 진 사람이 3회 안에 이긴 사람이 고른 수를 맞추면 게임의 승자가 된다. 반대로 그렇지 못하면 이긴 사람이 게임의 승자가 된다.

 게임으로 2진수 표현하는 법

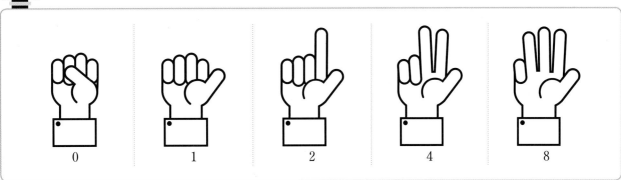

Tip 6은 어떻게 만들까요? 4에 해당하는 손 모양을 먼저 보여 주고, 그 다음에 2에 해당하는 손 모양을 보여 주면 됩니다.

Tip 15는 어떻게 만들까요? 8, 4, 2, 1에 해당하는 손 모양을 순서대로 보여 주면 됩니다.

2

규칙대로 척척

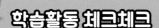

학습활동 체크체크

학습내용	공부한 날	개념 이해	문제 이해	복습한 날
1. 규칙과 추상화	월 일			월 일
2. 규칙과 입체도형	월 일			월 일
3. 규칙과 스택	월 일			월 일
4. 규칙과 요리	월 일			월 일
5. 규칙과 길 찾기	월 일			월 일
6. 규칙과 미로 탈출	월 일			월 일
7. 패턴과 대칭	월 일			월 일
8. 패턴과 디자인	월 일			월 일

01 규칙과 추상화

규칙 발견하기

➤ 정답 및 해설 9쪽

📣 퀴즈를 풀 때, 같은 내용에 대해 중구난방으로 힌트를 얻는다면 어떻게 해야 할까요? 문제를 해결하기 위해 문제 상황 속에서 규칙을 발견하고 핵심 요소를 찾아 내는 것을 추상화라고 해요. 지금부터 컴퓨팅 사고력의 핵심인 추상화의 개념을 학습해 볼까요?

핵심 키워드 #규칙 #추상화 #컴퓨팅 사고력

STEP 1

[수학교과역량] **추론능력**

다음 그림들을 보고 공통적으로 떠올릴 수 있는 특징을 다양하게 찾아 써 보세요.

| 곰인형 | 잠옷 | 베개 |

STEP 2

다음 이용법을 살펴보면 공통된 규칙을 찾을 수 있습니다.

- 주전자에 물을 넣고, 가스레인지 전원을 켠다.
- 냄비에 육수를 붓고, 버너에 불을 켠다.
- 찜기에 만두를 넣고, 가스불을 켠다.
- 후라이팬에 계란을 깨어 넣고, 가스레인지 불을 켠다.

위에서 찾은 공통된 규칙을 이용하는 모든 요리에 적용할 수 있는 이용법을 만들어 보세요.

2
단원

....

....

....

....

....

 **추상화(Abstraction)**

추상화(Abstraction)란 문제를 해결할 때 꼭 필요한 부분은 선택하고, 필요하지 않은 부분은 제거하여 상태를 간결하고 이해하기 쉽게 만드는 것입니다. 시스템의 복잡한 부분을 단순화시켜 인식하기 쉬운 개념으로 만드는 작업이 이에 속합니다. 추상화 과정을 통해 핵심 요소를 파악하여 대상을 간결하게 표현하면 작업이 더 간단해 질 수 있습니다.

데이터 추상화(Data Abstraction)란 복잡한 데이터를 항목으로 결합하여 추상화하는 것 입니다. 예를 들어, '두 변의 길이가 같다, 변이 세 개 있다, 각이 세 개 있다, 평면도형이다'를 일일이 언급하지 않고 '예각삼각형'으로 항목화할 수 있습니다.

절차 추상화(Procedural Abstraction)란 세부적인 실행 절차를 단순하게 만드는 것입니다. 예를 들어, '청소기 돌리기, 먼지 닦기, 걸레질 하기, 쓰레기 버리기' 등의 절차를 '청소하기'라고 간단하게 표현할 수 있습니다.

02 규칙과 입체도형

≫ 정답 및 해설 9쪽

📢 어떤 규칙 속에서 공통적인 속성을 발견했다면, 이 속성에 따라 대상을 분류할 수 있습니다. 입체도형 사이에서 공통된 속성을 발견하고, 그에 따라 새로운 도형을 만들어 보세요.

핵심 키워드 #입체도형 #분류 #추상화 #클래스 #인스턴스

STEP 1

[수학교과역량] **추론능력**

다음에 제시된 도형들에서 찾을 수 있는 공통된 속성을 2가지 이상 적어 보세요. 또, 이 속성들을 바탕으로 아래의 도형들을 모두 포함하여 부를 수 있는 도형의 이름을 지어 보세요.

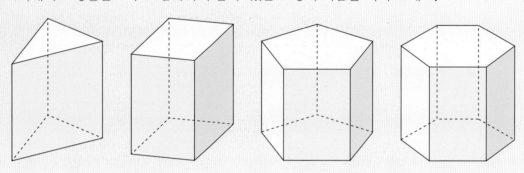

....

....

....

....

....

공통된 속성: _____

_____

도형의 이름: _____

STEP 2

다음 [규칙]을 모두 만족하는 입체도형을 3가지 이상 그려 보세요.

• 규칙 •

1. *밑면이 1개만 존재한다.
2. *옆면의 모양은 모두 삼각형이다.
3. 옆면은 모두 한 개의 꼭짓점에서 만난다.
4. 밑면과 옆면이 만나는 선분은 4개 이상이다.

*밑면: 입체도형에서 평행한 두 면, 또는 각뿔의 꼭짓점과 이웃하지 않는 면.
*옆면: 입체도형의 면 중에서 밑면이 아닌 면.

2
단원

 **클래스(class)와 인스턴스(instance)**

우리는 추상화 과정을 통하여 클래스(class)를 만들 수 있습니다. 클래스는 유사한 특성을 가진 대상들을 하나로 그룹화한 것입니다. 이러한 클래스를 구성하는 구체적인 객체들을 클래스 인스턴스(class instance) 또는 객체 인스턴스(object instance)라고 합니다. 인스턴스(instance)는 추상화 과정을 거쳐 만들어진 분류 기준을 바탕으로 하여 만들어집니다. 예를 들어, 클래스인 '휴대 전화번호'에 인스턴스인 '010-1234-5678'이 실질적으로 만들어지는 것입니다.

03 규칙따라 척척
규칙과 스택

➤ 정답 및 해설 10쪽

📢 종이 상자에 짐을 넣어본 적이 있나요? 이때 바닥에서부터 순서대로 짐을 쌓아야 합니다. 컴퓨터도 마찬가지입니다. 컴퓨터도 순서에 따라 일을 하고, 자료를 쌓아나가야 해요.

핵심 키워드 ➤ #스택

STEP 1

[수학교과역량] **추론능력, 문제해결능력**

다음 그림과 같이 여러 가지 모양의 정사각형들을 모아 직사각형 1개를 만들었습니다. A~I 중에서 가장 먼저 놓여진 정사각형은 무엇인지 찾아 보세요.

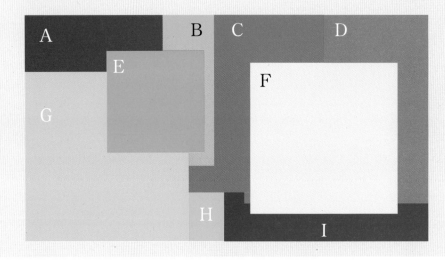

STEP 2

다음과 같이 '현재 상태'의 1번 보관함에 쌓여 있는 종이컵을 '목표 상태'와 같은 모양으로 쌓으려고 합니다. 아래 [규칙]을 이용하여 종이컵을 최소 횟수로 이동시키려고 할 때, 노란색 종이컵은 몇 번째, 몇 번째에 움직이게 되는지 적어 보세요.

◦ 규칙 ◦

1. 한 번에 움직일 수 있는 종이컵의 개수는 1개입니다.

2. 종이컵을 보관함에서 꺼낼 때, 빈 보관함 2개 중 하나에 쌓아 두어야 합니다.

3. 목표 상태와 같은 모양은 3번 보관함에 쌓아야 합니다.

현재 상태			목표 상태
1번 보관함	**2번 보관함**	**3번 보관함**	

(　　 번째, 　　 번째)

스택(Stack)

스택(Stack)은 영어로 쌓아 올린 더미를 뜻합니다. 스택(Stack)은 가장 마지막에 들어간 자료부터 사용되는 자료 구조입니다. 즉, 스택에 저장된 자료는 가장 나중에 들어간 것이 제일 먼저 사용됩니다. 그렇다면 컴퓨터에서는 스택을 어떻게 사용할까요? 가장 쉬운 예로, 우리가 웹 브라우저에서 조금 전 접속했다가 나온 사이트에 다시 들어가기 위해,

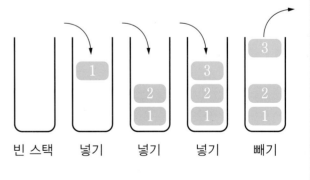

빈 스택　　넣기　　넣기　　넣기　　빼기

'이전' 기능을 이용하면 가장 최근에 접속했던 사이트부터 순서대로 이동하게 됩니다. 즉, 스택은 가장 최근의 자료를 기억해 놓았다가 사용하는 것입니다.

04 규칙과 요리

정답 및 해설 10쪽

📢 라면을 끓여본 적이 있나요? 라면 봉지 뒷부분을 보면 조리 규칙(방법)이 적혀 있는 것을 확인할 수 있습니다. 지금부터 규칙에 따라 딸기쥬스와 샌드위치를 만들어 봅시다.

핵심 키워드 #명령어 #명령문 #순서

STEP 1

[수학교과역량] **추론능력, 문제해결능력**

풍풍이는 아래의 [규칙]에 따라 요리를 하려고 합니다.

• 규칙 •

1. (A, B)일 때, A 다음에는 반드시 B를 실행한다.

    예 (딸기 씻기, 딸기 으깨기)는 딸기를 씻고 난 후에 딸기를 으깨야 한다.

2. 순서대로 나열된 명령어 사이는 ' ; '로 구분한다.

    예 (A, B); (B, C); (C, D)

풍풍이가 요리 규칙에 따라 다음 명령을 순서대로 나열하여 딸기쥬스를 만들 때, 세 번째로 해야 하는 일은 무엇인지 찾아 보세요.

• 명령 모음 •

(딸기 넣기, 얼음 넣기)　　(소스 붓기, 딸기 넣기)

(얼음 넣기, 믹서기 돌리기)　　(딸기 씻기, 소스 붓기)

A. 딸기 넣기　　　　　　B. 소스 붓기　　　　　　C. 얼음 넣기

D. 딸기 씻기　　　　　　E. 믹서기 돌리기

STEP 2

풍풍이가 이번에는 아래 [규칙]에 따라 요리를 하려고 합니다.

규칙

1. put(A, B)일 때, A 위에 B를 올려놓는다.

    예 put(빵, 상추)이면 빵 위에 상추를 올려놓는다.

2. mix(A, B)일 때, A와 B를 섞는다.

    예 mix(마요네즈, 케찹)이면 마요네즈와 케찹을 섞는다.

3. mix(A, B)의 결괏값은 AB로 표현한다.

4. 순서대로 나열된 명령어 사이는 ' ; '로 구분한다.

    예 put(A, B); put(B, C); mix(F, G); put(C, FG)

위의 규칙을 이용하여 다음의 명령을 실행했습니다. 명령을 순서대로 나열했을 때, 샌드위치의 모양을 아래 빈칸에 적어 보세요.

명령 모음

put(마요네즈케찹, 동그라미 모양 빵)   mix(마요네즈, 케찹)

put(상추, 마요네즈케찹)   put(네모 모양 빵, 상추)

샌드위치 4층	
샌드위치 3층	
샌드위치 2층	
샌드위치 1층	

생각 쏙쏙 명령어와 명령문

컴퓨터 속 프로그램을 만드는 작업을 프로그래밍이라고 합니다. 명령어는 프로그래밍에서 사용되는 언어의 단위입니다. 이 명령어들을 문장으로 만든 것을 명령문이라고 합니다. 명령문을 여러 개 사용하여 문제를 해결하기 위한 프로그램을 만들 수 있습니다.

05 규칙따라 쏙쏙
규칙과 길 찾기

📢 낯선 동네에서 길을 찾아본 경험이 있나요? 규칙에 따라 이동하며 길 찾기의 고수가 되어 봅시다.

핵심 키워드 #규칙 #길찾기 #좌표

STEP 1

[수학교과역량] 추론능력, 문제해결능력

다음과 같은 [규칙]에 따라 이동하는 택시가 있습니다.

> **규칙**
>
> 1. 위치는 좌표 (a, b)로 나타낸다. 이때, a는 가로축 위치, b는 세로축 위치를 나타낸다.
> 2. 3→는 → 방향으로 3번 이동하는 것을 나타낸다.
> 3. 2↑ ; 2→는 ↑ 방향으로 2번, → 방향으로 2번 이동하는 것을 나타낸다.
>   이때, 이동은 순서대로 일어나지 않아도 된다. →↑↑→, ↑→↑→ 등이 가능하다.
> 예 택시가 (5, 4)에서 3↑ ; 2← 만큼 이동했다고 하면 도착 위치는 (2, 2)가 된다.

택시(🚗)가 병원(🏥)까지 가는 과정에서 총 15회 이동했다고 합니다. 택시는 □↑ ; 7→ ; 1↓ ;
○←의 이동 과정을 거쳤다고 할 때, □과 ○에 들어갈 알맞은 숫자를 구해 보세요.

세로＼가로	1	2	3	4	5	6	7	8	9	10	11	12
1												
2									🏥			
3												
4												
5					🚗							
6												
7												
8												
9												
10												

□: (　　　) ○: (　　　)

STEP 2

다음은 퐁퐁이의 이동 [규칙]입니다.

> **•규칙•**
>
> 1. 다음과 같은 기호로 이동을 표현한다.
>   F: 앞으로 한 칸 이동, L: 왼쪽으로 회전, R: 오른쪽으로 회전
> 2. 집에 도착해야 이동이 완전히 끝난다.(단, 퐁퐁이가 집의 문을 마주보고 있어야 집에 도착한 것이다.)
> 3. 이동 과정에서 만나는 간식에 적혀 있는 값을 모두 더하면 퐁퐁이가 집에 가는 데 걸리는 시간을 구할 수 있다.

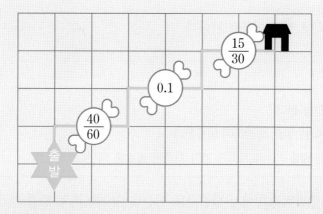

퐁퐁이가 집으로 가는 과정에서 일정한 이동 규칙이 반복된다고 합니다. 어떤 규칙이 반복되는지 찾아 보세요. 또 퐁퐁이가 집에 가는 데 걸리는 시간을 구해 보세요.

반복되는 규칙: (　　　　　　)

집에 가는 데 걸리는 시간: (　　　)시간 (　　　)분

 **좌표와 순서쌍**

좌표란 직선이나 평면, 공간에서 특정 위치를 지정하기 위해 사용하는 값입니다. 보통 가로축과 세로축을 사용하여 두 축이 서로 만나는 위치를 순서쌍 (x, y)와 같이 나타냅니다.

06 규칙과 미로 탈출

≫ 정답 및 해설 11쪽

📢 길을 알 수 없는 미로에 들어가 본 적이 있나요? 규칙을 알면 미로를 탈출할 수 있어요. 끝이 보이지 않는 미로에서 규칙에 따라 탈출을 해 봅시다.

핵심 키워드 #규칙 #미로 탈출

STEP 1

[수학교과역량] **추론능력, 문제해결능력**

풍풍이는 아래의 [규칙]에 따라 이동을 합니다.

> **• 규칙 •**
>
> 1. 길을 따라 이동한다.
> 2. 막다른 길에서는 후진을 한다.
> 3. 후진 후 처음으로 만나는 길로 회전하여 이동한다.
> 4. 교차로(갈림길)에서는 탈출구와의 거리가 가장 가까운 통로를 택한다.

풍풍이가 규칙에 따라 출발점(☺)에서 탈출구로 이동을 할 때, 미로 탈출 과정에서 점 A~점 D 중 거치지 않는 점을 모두 고르세요.

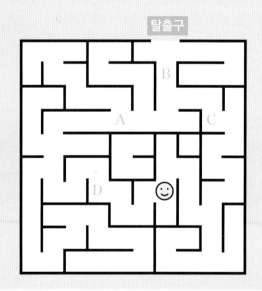

(   )

STEP 2

로봇은 다음과 같은 [규칙]에 따라 이동을 합니다.

> **규칙**
>
> 1. 로봇이 앞으로 한 칸 이동하는 데 1분이 걸린다.
> 2. 로봇이 방향을 바꾸는 데 1분이 걸린다.
> 3. 장애물을 제거하는 데 시간이 걸리지 않는다.
> 4. 로봇은 대각선으로는 이동할 수 없고 위쪽, 아래쪽, 왼쪽, 오른쪽으로만 이동할 수 있다.
> 5. 회색 구역에는 들어갈 수 없다.
>
> 예: 앞으로 2칸 이동(2분), 왼쪽으로 방향바꾸기(1분), 방향을 바꾼 후 앞으로 1칸 이동(1분)을 하였으므로 총 4분이 걸리는 경로입니다.

로봇이 미로를 탈출하는 데 걸리는 시간이 10분이 되도록 장애물을 제거해 보세요.

🤖 : 로봇

⚠ : 장애물

 **미로를 탈출하는 방법**

가장 간단한 미로 탈출 방법은 '벽 따라 이동하기' 전략입니다. 이 전략은 미로의 한쪽 벽에 손을 대고, 벽을 따라 계속하여 이동을 하는 것입니다. 이동 중 막다른 길에 들어서더라도 벽을 따라 미로를 계속해서 이동해 가면 언젠가는 처음의 갈림길로 다시 돌아가는 원리입니다. 이 갈림길에서 바른 길을 선택하여 다시 이동하다보면 미로를 탈출할 수 있게 됩니다.

07 패턴과 대칭

▶ 정답 및 해설 12쪽

📢 생활 속에서 일정하게 반복되는 형태를 만나본 적이 있나요? 컴퓨터는 그림, 글, 음성 등의 데이터에서 패턴을 찾아내서 인식할 수 있는 능력이 있습니다. 지금부터 대칭 구조에 의한 패턴 찾기 연습을 해 봐요.

핵심 키워드 #패턴 #대칭 #레이어

STEP 1

[수학교과역량] **추론능력**

알파벳 문자의 반쪽을 거울에 비출 때, 다음과 같이 그 형태가 거울에 비춘 원래의 알파벳과 똑같은 모양이 되는 것을 〈보기〉에서 모두 골라 보세요.(단, 알파벳을 거울에 비출 때, 회전하여 비추지 않습니다.)

 →

[거울에 비춰진 모습]　[알파벳 T의 반쪽]

보기

A B C D E F G H I J K L M
N O P Q R S T U V W X Y Z

(　　　　　　　　　　　　　　, T,　　　　　　　　　　　　　)

💡 **생각 쏙쏙**　**패턴(Pattern)**

패턴(Pattern)이란 수, 모양, 현상 등의 배열에서 찾을 수 있는 일정한 법칙입니다. 패턴은 컴퓨팅 사고력의 한 축이기도 합니다. 정확한 패턴을 찾는 능력은 문제 해결을 위한 함수 만들기의 기초가 될 수 있으므로 중요합니다.

STEP 2

코코는 A, B 두 개의 이미지 파일을 만들고, 그 파일들을 겹쳐서 C라는 하나의 이미지 파일을 만들려고 합니다. A와 B는 대칭 구조로, 중심의 빨간색 선을 기준으로 양쪽이 서로 완전하게 겹쳐집니다. 대칭 구조가 되도록 A, B를 그리고, 그려진 A, B를 겹쳐서 최종 이미지 C를 완성해 보세요. (단, 대칭 구조 A, B를 그릴 때, 빨간색 선을 기준으로 양쪽에 같은 이미지가 그려져야 하고, 양쪽 모두에 새로운 것을 그려서는 안 됩니다.)

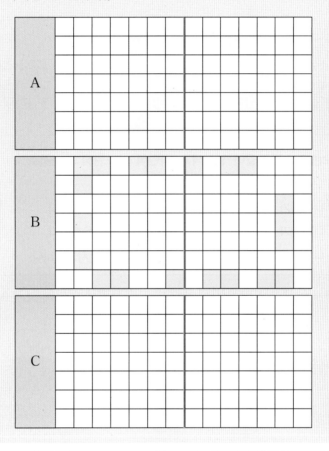

 레이어(Layer)

레이어(Layer)란, 여러 이미지를 위아래로 여러 겹 겹쳐서 그림을 그리기 위해 사용하는 투명한 층을 뜻합니다. 투명한 층 위에 글, 도형 등을 표현하게 됩니다. 이때 레이어는 제한없이 생성할 수 있으며, 각 레이어마다 서로 다른 효과를 줄 수도 있습니다. 또한, 만드는 사람이 레이어의 표시 여부, 잠금 여부도 각 레이어별로 지정할 수 있습니다. 최종 저장 단계에서 선택한 여러 레이어를 병합하여 저장함으로써 최종 결과물이 탄생합니다. 레이어들은 각각의 분리된 층을 이루며 서로 간섭하지 않기 때문에 레이어를 활용하면 아주 쉽게 그림을 그릴 수 있습니다.

08 패턴과 디자인

규칙따라 모양따라

▶ 정답 및 해설 13쪽

📢 컴퓨터는 주어진 규칙에 따라서만 움직입니다. 우리가 컴퓨터에 어떠한 패턴에 관한 규칙을 입력하고, 컴퓨터가 이를 반복하여 나타내면 멋진 디자인이 완성돼요.

핵심 키워드 #패턴 #반복 #디자인

STEP 1

[수학교과역량] 추론능력, 창의·융합능력

미술관 창문에 다음과 같은 패턴 [규칙]에 따라 유리색을 배치하여 디자인하려고 합니다.

◆ 규칙 ◆

1. 창문의 유리색은 오른쪽 그림과 같이 '빨간색 → 파란색 → 노란색'의 순서로 사용합니다.
2. 3으로 나누었을 때 나머지가 1인 층은 1호에 빨간색 유리부터 사용합니다.
3. 3으로 나누었을 때 나머지가 2인 층은 1호에 파란색 유리부터 사용합니다.
4. 3으로 나누었을 때 나누어 떨어지는 층은 1호에 노란색 유리부터 사용합니다.

창문의 유리색을 어떻게 배치해야 할지 아래의 도면을 색칠하여 완성해 보세요.

층 \ 호	1호	2호	3호	4호	5호	6호
13층						
12층						
11층						
10층						
9층						
8층						
7층						
6층						
5층						
4층						
3층						
2층						
1층						

STEP 2

퐁퐁이는 다음과 같은 패턴 [규칙]에 따라 인형의 집을 꾸미려고 합니다. 모든 물건들은 패턴에 따라 순서대로 디자인됩니다.

> **규칙**
>
> 아래의 패턴을 적용하면 화살표 왼쪽에 있는 이미지가 화살표 오른쪽에 있는 이미지로 교체되어 나타난다.
>
> 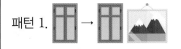　　　　
>
> 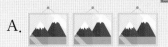　　　　
>
> 예 패턴 1을 1번, 패턴 3을 1번, 패턴 2를 1번 순서대로 적용하였을 때, 인형의 집 디자인 결과물은 아래와 같습니다.
>
>
>
> 　　패턴 1을 1번　　패턴 3을 1번　　　　패턴 2를 1번

위의 패턴 1, 2, 3, 4에 따라 인형의 집을 꾸밀 때, 가장 마지막 단계의 모습으로 나올 수 없는 디자인을 고르세요.(단, 패턴은 🪟, 🧸, 🏔 중에서 시작되며, 한 번에 하나의 이미지에만 적용됩니다.)

A.

B.

C.

D.

💡 생각 쏙쏙　　파라메트릭 디자인(Parametric Design)

파라메트릭 디자인은 규칙성과 변수가 알고리즘에 따라 적용되며 디자인의 결과물이 만들어지는 과정입니다. 컴퓨터가 디자인 대상물의 형태를 수치화, 유형화하여 인식하며, 기하학적 알고리즘이 디자인적 요소로 들어가기도 합니다. 파라메트릭 디자인은 건축, 산업디자인 등에서 활발하게 사용되고 있습니다.

도전! 코딩   스크래치(scratch) 미로 탈출 게임

(이미지 출처: https://scratch.mit.edu/)

스크래치는 미국 메사추세츠 공과대학(MIT)의 라이프롱킨더 가든 그룹(LKG)에서 만들어 무료로 배포한 블록코딩 사이트입니다. 스크래치에서는 누구나 자신의 이야기, 게임, 애니메이션을 손쉽게 만들어 다른 사람들과 공유하는 것이 가능합니다. 스크래치에서는 어린이들이 이 과정 속에서 창의적 사고, 체계적 추론 능력, 협업 능력을 키워 나갈 수 있다고 소개하고 있습니다. 현재 150개 이상의 나라에서 60개 이상의 언어로 스크래치가 제공되고 있습니다.

스크래치에서 코딩을 하기 위해서 사이트(https://scratch.mit.edu/)에 접속하면 다음과 같은 첫 화면을 만날 수 있습니다.

2단원에서 우리는 미로를 탈출하는 방법에 대해 여러 방향에서 연구를 하였습니다. 지금부터는 코딩으로 미로 탈출 게임을 직접 만들어 보겠습니다. 만들고 싶은 나만의 미로 모양을 상상해 보세요.

이제 미로 탈출 게임의 세계로 들어가 볼까요?

WHAT?

➡ 직접 설계한 미로 속에서 고양이 스프라이트 를 무사히 탈출시킵니다.

HOW?

→ 우선 튜토리얼 모드에서 스크래치 기본 사용법을 익혀 봅시다.

오른쪽 QR을 인식하면 튜토리얼 영상과 실습창을 만날 수 있습니다.

→ 스크래치의 기본 사용법을 모두 익혔나요? 지금부터 본격적으로 미로 탈출 게임 만들기를 시작하겠습니다.

1. 메인 화면의 '만들기' 버튼을 클릭하고 새 파일을 시작하세요.

2. 배경 그리기를 시작합니다. 오른쪽 하단의 무대(배경) [무대] 버튼을 누르세요.

3. 왼쪽 상단의 도구 모음 중에서

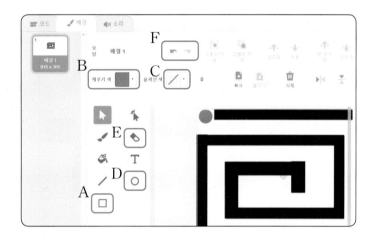

A 사각형 버튼을 사용하여 원하는 형태의 미로를 제작하세요.

B 채우기 색 버튼으로 이 사각형을 검정색으로 만들어 주세요.

C 윤곽선 색 버튼을 눌러 윤곽선의 색을 없애 주세요.

D 원형 도구를 사용하여, 탈출구를 표시해 주세요.

B 채우기 색 버튼으로 탈출구를 빨간색으로 만들어 주세요.

C 윤곽선 색 버튼을 눌러 탈출구의 윤곽선의 색을 없애 주세요.

tip 제작 중 실수를 했다면 'E 지우개' 버튼이나 'F 되돌리기' 버튼을 사용하세요.

4. 왼쪽 상단의 '암호(코드)'를 클릭하여 다음 단계로 넘어갑니다.

5. 오른쪽 하단의 스프라이트 탭을 보세요. 고양이 스프라이트 가 보입니다. 이 고양이가 통로를 통과할 수 있도록 크기를 조정해 보세요.

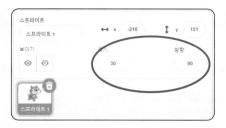

6. 스프라이트 탭에서 고양이 스프라이트를 클릭한 상태로, 아래의 그림을 참고하여 암호(코드) 작성을 하세요. 이번 암호(코드)는 고양이 스프라이트의 움직임에 관한 것입니다.

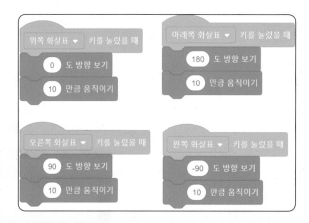

7. 실행창 왼쪽 상단에 있는  버튼을 누르고, 고양이 스프라이트를 움직여 보세요. 방향키에 따라 고양이 스프라이트가 잘 움직이나요?

8. 이제 고양이가 미로를 따라 잘 이동하여 탈출하도록 암호(코드)를 추가하겠습니다.

9. 8에서 첫 번째 블록의 위치 좌표는 스프라이트 탭에서 구할 수 있습니다. 먼저 고양이 스프라이트를 블록 속 원하는 시작 위치에 가져다 놓으세요. 그러면 x와 y 좌푯값이 바뀌는 것을 확인할 수 있습니다. 이 좌푯값을 8의 첫 번째 블록에 입력하면 미로 속 첫 출발점 위치가 지정됩니다.

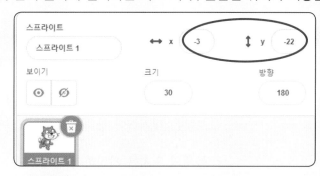

10. 실행창 왼쪽 상단에 있는 ⚑ 버튼을 누르고, 내가 만든 미로 탈출 게임이 잘 작동하는지 고양이 스프라이트를 움직이며 확인해 보세요.

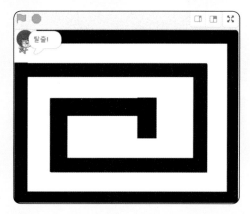

tip 게임을 더 정교하게 만들고 싶나요? 미로를 더 복잡하게 설계하기, 미로벽에 스프라이트가 닿을 때마다 경고음이 나게 하기, 배경과 아이콘을 바꾸어 꾸며보기 등의 다양한 방법을 사용해 보세요.

DO IT!

➜ 사이트에 접속하여 직접 코딩을 해 봅시다.

▲ 코딩영상

*코딩 후엔 꼭 실행해 보세요.(단, 휴대폰 화면에는 모든 화면이 들어오지 않을 수 있으므로 정상 실행을 위해서는 탭이나 컴퓨터를 이용해 주세요.)

≫ 정답 및 해설 14쪽

〈2단원–규칙대로 척척〉을 학습하며 배운 개념들을 정리해 보는 시간입니다.

1 용어에 알맞은 설명을 선으로 연결해 보세요.

패턴 •

• 여러 이미지를 겹쳐서 표시하기 위하여 사용하는 투명한 층

좌표 •

• 문제를 해결할 때 꼭 필요한 부분은 선택하고, 필요하지 않은 부분은 제거하여 상태를 간결하고 이해하기 쉽게 만드는 것

스택 •

• 물체의 위치를 지정하기 위해 사용하는 값

추상화 •

• 가장 마지막에 들어간 자료부터 사용하는 자료 구조

레이어 •

• 수, 모양, 현상 등의 배열에서 찾을 수 있는 일정한 법칙

2 '친구에게 편지쓰기' 활동입니다. 1번에 제시된 용어를 모두 사용하여, 이번 단원에서 배운 내용을 나만의 말로 풀어서 친구에게 설명해 주는 편지를 적어 보세요.

.... 에게
....

....

....

....

....

....

....

....

....

....

인원	2인 이상	소요시간	5분~10분
방법			

❶ 순서를 정합니다.

❷ 빈 종이에 문제를 6개 이상 적습니다.

　문제는 참가자들이 서로 번갈아 가며 냅니다.

　문제는 단어 3개와 물음표(?) 1개로 구성됩니다. 이들은 서로 규칙을 가지고 연결되어 있습니다.

❸ 순서대로 돌아가며 물음표(?) 자리에 들어갈 단어를 말합니다. 10초 이내에 단어를 말해야 합니다.

❹ 시간 내에 단어를 말하지 못한 사람은 탈락합니다.

❺ 최종적으로 살아남은 사람이 게임의 우승자입니다.

▸게임 예시◂

1. 가위 풀 공책 ?

2. 서랍 책상 의자 ?

3. 아빠 엄마 할아버지 ?

4. 가방 핸드백 트렁크 ?

5. 책 공책 알림장 ?

6. 텔레비전 라디오 리모컨 ?

⋮

호동: 1번 가위 풀 공책 연필

재석: 1번 가위 풀 공책 색연필

장훈: 1번 가위 풀 공책 칼

호동: 2번 서랍 책상 의자 책장

재석: 2번 서랍 책상 의자 … (시간 초과! 탈락!)

장훈: 2번 서랍 책상 의자 스탠드

호동: 3번 아빠 엄마 할아버지 할머니

장훈: 3번 아빠 엄마 할아버지 … (시간 초과! 탈락!)

따라서 게임의 우승자는 호동이 입니다.

3

알고리즘이 쑥쑥

학습활동 체크체크

학습내용	공부한 날		개념 이해	문제 이해	복습한 날	
1. 일상생활과 알고리즘	월	일			월	일
2. 도형과 알고리즘	월	일			월	일
3. 순서도와 반복 구조	월	일			월	일
4. 알고리즘과 분류	월	일			월	일
5. 최단경로와 알고리즘 1	월	일			월	일
6. 최단경로와 알고리즘 2	월	일			월	일
7. 탐색과 알고리즘	월	일			월	일
8. 정렬과 알고리즘	월	일			월	일

01

일상생활과 알고리즘

▶ 정답 및 해설 15쪽

📢 알고리즘(Algorithm)은 문제를 해결하기 위해 명령들로 구성된 일련의 순서화된 절차입니다. 컴퓨터와 같은 기계를 작동시킬 때 꼭 필요한 것이 바로 이 알고리즘입니다. 알고리즘을 표현하는 가장 일반적인 방법인 순서도에 대해 함께 알아볼까요?

핵심 키워드 #순서도 #순차 구조 #알고리즘

STEP 1

[수학교과역량] 창의·융합능력

풍풍이는 맛있는 라면을 끓여 달라고 로봇에게 부탁하려고 합니다. 로봇이 명령을 처리할 수 있도록 빈칸에 들어갈 알맞은 말을 〈보기〉에서 골라 라면 끓이기 알고리즘을 완성해 보세요.

> **보기**
>
> 라면 스프 넣기
>
> 그릇에 완성된 라면 덜기
>
> 냄비에 물 붓기

라면 끓이기 시작

↓

[　　　　]

↓

[　　　　]

↓

면을 넣는다.

↓

면이 익을 때까지 3분 정도 끓인다.

↓

[　　　　]

↓

라면 끓이기 끝

순서도

알고리즘은 문제를 해결하기 이한 절차를 말합니다. 알고리즘을 표현하는 방법에는 자연어, 이사코드, 프로그래밍 언어 등 다양한 방법이 있지만, 가장 일반적이고 간편한 방법은 바로 순서도로 나타내는 것입니다. 순서도(Flow Chart)란, 일이 일어나는 순서나 해야 할 작업의 순서를 기호와 도형을 이용해서 나타낸 것입니다. 순서도가 있다면 아무리 복잡한 일이라도 일의 순서대로 하나씩 진행해 나갈 수 있습니다.

학교를 가기 위해서는 일어나서 씻고, 아침을 먹고, 옷을 입고, 교과서를 챙기는 등의 해야 할 일들이 많습니다. 자신의 등교 준비 과정을 알고리즘으로 나타내어 보세요.

아침 기상

⬇

⬇

등교 준비 끝!

순차 구조

컴퓨터는 기본적으로 일을 순차 구조로 처리합니다. 순차 구조는 컴퓨터에게 명령을 내릴 때 순서대로 하나씩 수행할 수 있도록 만든 구조입니다.

조건에 따라 하나하나

> 정답 및 해설 15쪽

📢 순서도(Chart flow)는 사건의 순서를 기호와 도형을 사용하여 표현한 것이라고 배웠습니다. 순서도를 통해 우리는 문제의 처리 과정을 분명하게 알 수 있습니다. 순서도는 알고리즘을 표현하는 데 가장 쉽고 편한 방법이기도 합니다. 순서도를 만드는 규칙을 활용하여 조금 더 까다로운 작업을 쉽게 나타내어 볼까요?

핵심 키워드 #순서도 #조건문 #순차 구조 #알고리즘

순서도 만들기

순서도를 만드는 데에는 규칙이 있습니다. 특히, 마름모 도형 안에는 '만약 ~라면 어떻게 될 것인가?'와 같이 어떤 것을 선택해야 하는 물어보는 조건을 넣습니다. 이러한 조건에 관한 내용을 넣으면 순서도는 복잡한 일들을 보다 쉽게 나타낼 수 있습니다.

순서도에서 사용되는 각 기호와 의미는 다음과 같습니다.

기호	의미	보기
(타원)	순서도의 시작이나 끝을 나타내는 기호	시작(끝)
(마름모)	어떤 것을 선택할 것인지를 판단하는 기호, 즉 조건이 참이면 '예'로, 거짓이면 '아니오'로 가는 판단 기호	$A>B$ / 아니오 / 예
(직사각형)	데이터 값을 계산하거나 대입하는 등의 과정을 나타내는 처리 기호	$A=B+C$
(화살표)	기호를 연결하여 처리의 흐름을 나타내는 흐름선	시작 / A, B 입력
(인쇄 기호)	서류로 인쇄할 것을 나타내는 기호	인쇄 A
(평행사변형)	일반적인 입·출력을 나타내는 입·출력 기호	입력(출력)

STEP 1

코코는 도형을 분류하는 알고리즘을 설계하려고 합니다. 이 알고리즘에 따라 <보기>의 도형을 분류해 보고, (1), (2), (3)에 들어갈 알맞은 도형을 찾아 기호를 써 보세요.

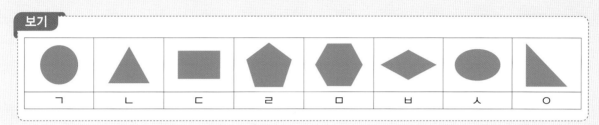

보기

ㄱ	ㄴ	ㄷ	ㄹ	ㅁ	ㅂ	ㅅ	ㅇ

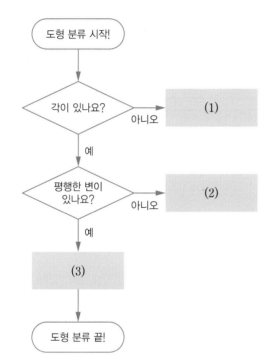

(1) _____

(2) _____

(3) _____

생각 쏙쏙 — 각과 평행

구분	설명	그림
각	한 점에서 그은 두 개의 반직선이 이루는 도형	B, 변, O, 각, A, 꼭짓점, 변
평행	두 직선이 서로 만나지 않는 경우로, 아무리 길게 늘려도 서로 만나지 않는다.	l, m

풍풍이가 삼각형을 각의 크기와 변의 길이에 따라 분류하려고 합니다. 삼각형에 대한 다음의 [설명]을 읽고, 2가지 순서도를 완성해 보세요.

• 설명 •

(1) 각의 크기에 따른 삼각형 분류

> 예각삼각형: 세 각이 모두 예각인 삼각형
>
> 직각삼각형: 한 각이 직각인 삼각형
>
> 둔각삼각형: 한 각이 둔각인 삼각형

(2) 변의 길이에 따른 삼각형 분류

> 이등변삼각형: 두 변의 길이가 같은 삼각형
>
> 정삼각형: 세 변의 길이가 같은 삼각형

(1) 각의 크기에 따른 삼각형 분류

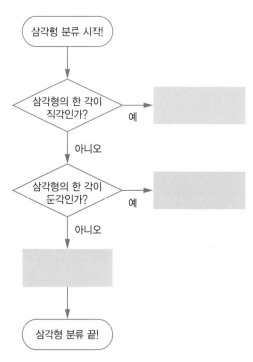

(2) 변의 길이에 따른 삼각형 분류

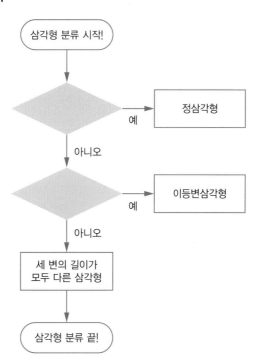

```
삼각형 분류 시작!
        ↓
      ◇ ──예──→ 정삼각형
        ↓ 아니오
      ◇ ──예──→ 이등변삼각형
        ↓ 아니오
  세 변의 길이가
  모두 다른 삼각형
        ↓
  삼각형 분류 끝!
```

생각 쏙쏙 · 삼각형의 분류

각의 크기에 따른 분류	예각삼각형	세 각이 모두 예각인 삼각형	
	직각삼각형	하나의 각이 직각인 삼각형	
	둔각삼각형	하나의 각이 둔각인 삼각형	
변의 길이에 따른 분류	이등변 삼각형	두 변의 길이가 같은 삼각형	
	정삼각형	세 변의 길이가 모두 같은 삼각형	

03 순서도과 반복 구조

반복을 하나로

정답 및 해설 16쪽

실제로 컴퓨터에 명령을 내릴 때 반복되는 일들이 많습니다. 어떤 반복되는 일이 있을 때, 순서도에서 '반복' 명령을 활용하면 보다 쉽고 간편하게 순서도를 나타낼 수 있어요.

핵심 키워드 #순서도 #반복 구조 #순차 구조 #알고리즘

STEP 1

[수학교과역량] **추론능력, 문제해결능력**

풍풍이가 자율주행로봇을 이용해서 코코에게 선물을 보내려고 합니다. 자율주행로봇에게 '반복'을 사용해서 명령을 내리려고 할 때, 선물 보내기에 성공할 수 있는 알고리즘을 만드려고 합니다. 빈칸에 들어갈 알맞은 말을 〈보기〉에서 골라 알고리즘을 완성해 보세요.(단, 자율주행로봇은 이동 방향에 따라 자동으로 방향을 전환합니다.)

보기

오른쪽으로 한 칸 이동
왼쪽으로 한 칸 이동
위쪽으로 한 칸 이동
아래쪽으로 한 칸 이동

풍풍			
			코코

[방법 1]

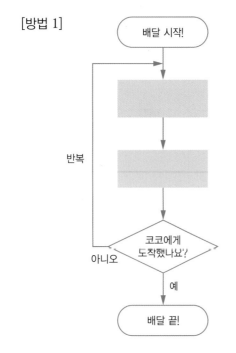

[방법 2]

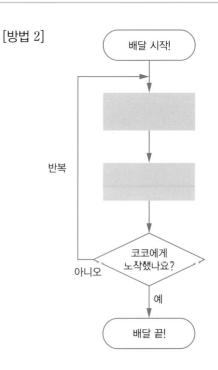

STEP 2

풍풍이가 자율주행로봇을 이용해서 이번에는 마을 사람들에게 선물을 배달하려고 합니다. '반복'을 두 번 사용해서 빨간 동그라미(●)로 가기 위한 알고리즘과 파란 네모(■)로 가기 위한 알고리즘을 설계할 때, 다음 〈보기〉의 기호를 사용하여 각각의 알고리즘을 완성해 보세요.(단, 자율주행로봇은 이동 방향에 따라 자동으로 방향을 전환합니다.)

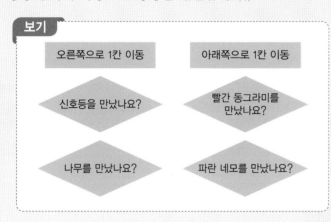

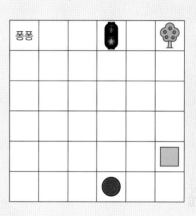

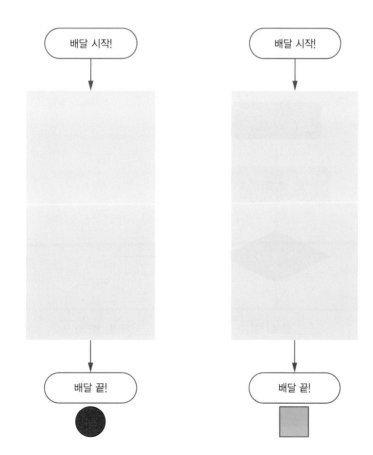

조건에 따라 분류해요

알고리즘과 분류

▶ 정답 및 해설 18쪽

📢 알고리즘(algorithm)은 문제를 해결하기 위해 명령들로 구성된 일련의 순서화된 절차라고 하였습니다. 이때, '조건'을 넣으면 알고리즘을 보다 다양하고 정교하게 만들 수 있습니다. 조건에 따라 분류해 볼까요?

핵심 키워드 #순서도 #분류 #알고리즘

STEP 1

[수학교과역량] **추론능력, 문제해결능력**

풍풍이와 코코는 동물원에 가기 위해 외출 준비를 하고 있습니다. 일기예보를 통해 날씨를 확인한 후 비가 오면 우산을, 비가 오지 않으면 모자를 챙기려고 합니다. 밑줄 친 곳에 들어갈 알맞은 말을 써 넣어 알고리즘을 완성해 보세요.

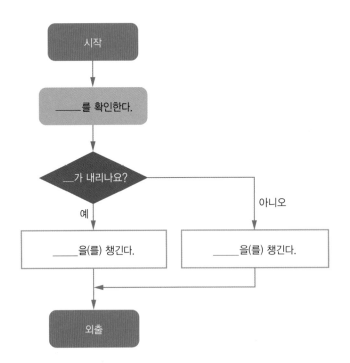

STEP 2

풍풍이와 코코는 동물원에 도착했습니다. 동물원에는 많은 동물들이 있었습니다. 풍풍이와 코코가 동물을 분류하는 알고리즘에 따라 동물을 분류하려고 합니다. 다음 <보기>의 동물을 빈칸에 알맞게 써넣어 알고리즘을 완성해 보세요.

보기

> 거북이   사자   백조   홍학   장수풍뎅이   도마뱀
>
> 펭귄   문어   벌   코끼리   닭   나비   악어   돌고래

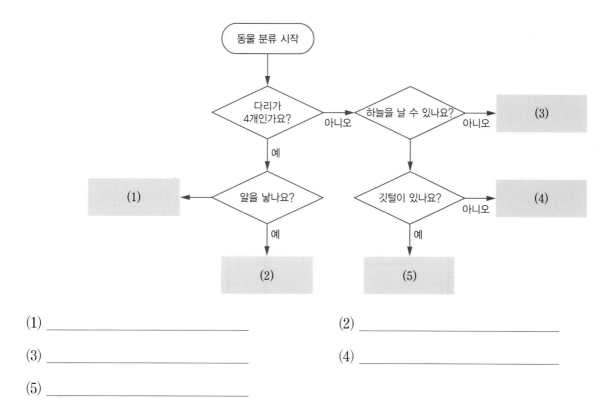

(1) _____

(2) _____

(3) _____

(4) _____

(5) _____

분류와 기계학습(Machine learning)

우리는 고양이와 개를 한눈에 알아볼 수 있지만, 컴퓨터는 학습을 하기 전에는 알아볼 수 없습니다. 컴퓨터가 고양이와 개를 알아보기 위해서는 모든 고양이와 개를 각각 분류하며 학습해야 합니다. 이렇게 컴퓨터가 사람과 같이 학습을 통해서 기계에 지식을 주입하는 것을 '기계학습'이라고 합니다. 기계학습은 인공지능 개발에서 가장 중요한 부분으로, 분류 알고리즘을 통해서 학습해 나갈 수 있습니다.

05 짧은 길을 찾아라
최단경로와 알고리즘 1

📢 가장 짧은 길을 찾는 방법은 다양합니다. 앞에서 배운 순차적 사고를 활용하여 미로를 탈출하기 위한 효율적인 알고리즘을 찾아볼까요?

핵심 키워드 #최단경로 #그래프 #알고리즘

STEP 1

[수학교과역량] 추론능력, 문제해결능력

퐁퐁이가 만든 비행기 로봇에는 알고리즘 입력 센서가 있습니다. 이 센서에 다음과 같은 A, R, L 카드를 입력하면, 입력된 순서대로 움직입니다.

➡️	R	L
앞으로 1칸 이동	오른쪽으로 회전	왼쪽으로 회전
A	R	L

비행기 로봇이 미로를 최단경로로 탈출하기 위해 어떤 순서로 카드를 입력해야 할지 기호를 차례대로 나열해 보세요.

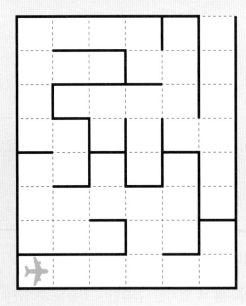

(   )

풍풍이가 이번에는 '반복'을 활용하여 미로를 탈출하는 알고리즘을 만들려고 합니다. 예를 들어 D(A2)는 A를 두 번 반복한다는 뜻이고, D(RAAA3)은 오른쪽으로 회전 후 앞으로 3칸 이동하는 것을 세 번 반복한다는 뜻입니다.

비행기 로봇이 미로를 최단경로로 탈출하기 위해 어떤 순서로 카드를 입력해야 할지 '반복'을 활용하여 기호를 차례대로 나열해 보세요.

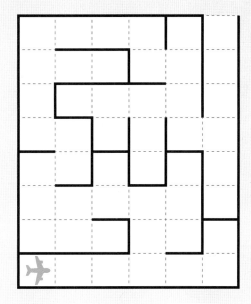

최단경로와 알고리즘 2

▶ 정답 및 해설 19쪽

📢 우리는 어딘가를 찾아갈 때, 최소한의 시간과 노력을 들여 가장 짧은 길로 가기 위해 네비게이션을 이용합니다. 네비게이션에 활용되는 알고리즘을 알아 봅시다.

핵심 키워드 #최단경로 #알고리즘 #최소 신장 트리 #다익스트라

STEP 1

[수학교과역량] **추론능력, 문제해결능력**

코코는 8개의 마을을 연결하는 도로를 만들기 위해 계획을 세우고 있습니다. 다음 [규칙]을 이용하여 최소한의 비용으로 8개의 마을을 연결하는 방법이 무엇일지 선으로 이어 보세요.

•규칙•

1. 도로를 만드는 데 드는 비용은 도로 위에 적힌 숫자이다.

2. 두 마을을 연결하는 도로가 없어도 다른 마을을 거쳐 연결되어 있으면 이 두 마을은 연결되어 있다고 본다.

　예 다음과 같은 경우 A, B 마을을 연결한 도로는 없지만 C 마을을 거쳐 연결되어 있으므로 연결된 것으로 본다. 그리고 A, B 마을을 연결하는 데 드는 비용은 9+8=17이다.

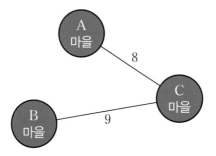

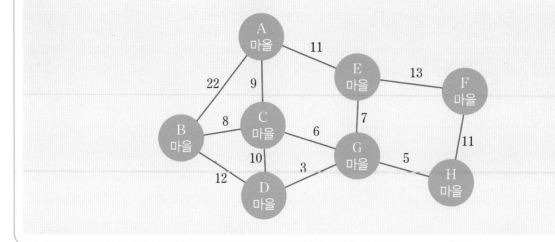

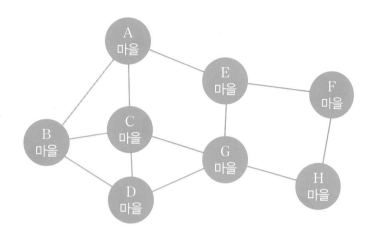

 **최소 비용 신장 트리**

여러분은 부모님의 심부름을 할 때, 집에서 출발하여 마트, 문구점, 서점을 들렀다가 다시 집으로 돌아와야 합니다. 이때 여러분이 제일 먼저 해야 할 일은 어떤 순서로, 어떻게 이동할 것인지 계획을 세우는 것입니다. 최소한의 시간과 거리로 가야 덜 힘들게, 그리고 좀 더 빨리 심부름을 끝낼 수 있습니다. 이처럼 비용이 가장 적게 드는 경로를 찾는 것을 '최소 비용 신장 트리'라고 합니다. 최소 비용 신장 트리는 네비게이션을 만들 때, 다리와 도로를 건설할 때, 네트워크 통신망을 만들 때, 지하철 안내 어플 등에서 다양하게 활용되고 있습니다.

STEP 2

[수학교과역량] **추론능력, 문제해결능력**

코코가 이번에는 가 마을부터 차 마을까지 10개의 마을을 연결하는 도로를 만들려고 합니다. **STEP 1**의 규칙을 적용하여 최소한의 비용으로 10개의 마을을 연결하는 방법이 무엇일지 선으로 이어 보세요.

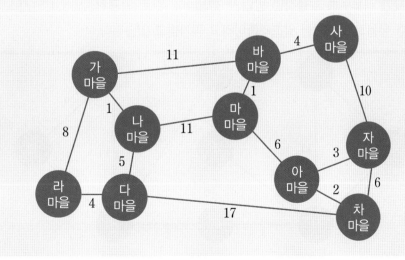

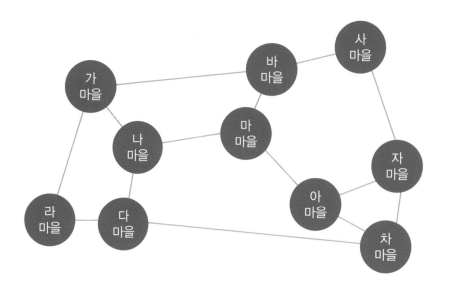

다익스트라 알고리즘(Dijkstra algorithm)

다익스트라 알고리즘은 꼭짓점 간의 최단경로를 찾는 알고리즘입니다. 최단경로를 찾는 알고리즘은 다양하지만, 그중 다익스트라 알고리즘이 제일 많이 쓰입니다. 알고리즘을 개발한 과학자 이름을 따서 '다익스트라(Dijkstra)'라는 이름이 붙었으며, 오늘날 인공지능 분야에서 아주 중요한 역할을 하고 있습니다. 각 동그라미는 위치를, 숫자는 가중치를 뜻하는데, 여기서 숫자는 비용이 될 수도 있으며 거리가 될 수도 있습니다. 이때 숫자가 작을수록 효율적인 방법인 것입니다. 주로 인공위성의 GPS 시스템에 많이 활용되며, 현실에서 아주 유용하고 적합한 알고리즘이라고 평가받고 있습니다.

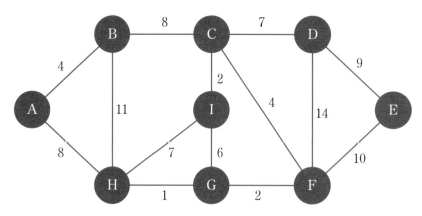

07 탐색과 알고리즘

살펴보고 찾아보기

▶ 정답 및 해설 20쪽

📢 컴퓨터에 수많은 자료 중 필요한 것을 찾아 활용하기 쉽도록 만들어야 합니다. 이를 탐색과 정렬이라고 합니다. 다양한 탐색방법에 대해 알아 볼까요?

핵심 키워드 #이진탐색 #탐색 알고리즘 #순차탐색

생각 쏙쏙 이진탐색(Binary Search)

이진탐색은 다양한 탐색 방법 중의 하나로, 자료를 반으로 나눈 후 내가 원하는 값과 비교하여 원하는 값에 근접한 부분을 대상으로 다시 반으로 나눠 비교하는 과정을 반복하는 탐색 방법입니다. 많은 자료 중에서 내가 원하는 자료를 찾을 때 효율적으로 활용할 수 있는 탐색 방법이긴 하지만, 이진탐색은 자료들이 크기순으로 정리되어 있을 때만 가능합니다.

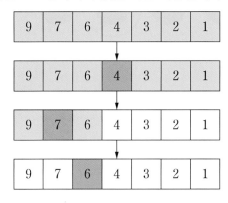

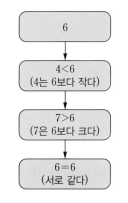

▲ 이진탐색
(출처: 유튜브 「Codly」)

STEP 1

[수학교과역량] **의사소통능력, 문제해결능력**

이진탐색은 자료를 반으로 나누고, 원하는 값과 크기를 비교하며 찾는 방법입니다. 다음 7장의 카드 중에서 49를 찾는 방법을 이진탐색을 활용해서 설명해 보세요.

1   5   17   33   49   54   77

다음은 이진탐색 과정을 트리 형태로 나타내는 과정입니다.

■ **15개의 자료에서 33을 찾는 방법입니다.**

5	7	11	13	14	15	18	20	21	23	25	29	33	35	39

[이진탐색 트리]

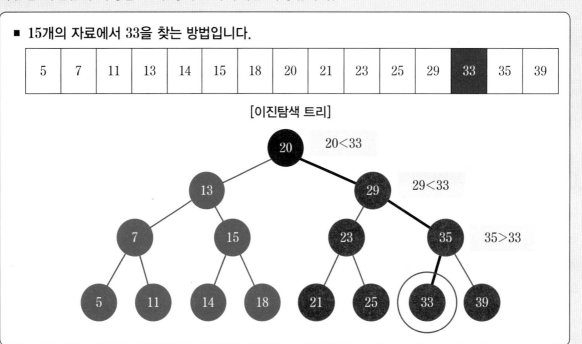

위의 방법을 활용하여 다음의 자료를 이진탐색 트리 형태로 나타내고, 자료를 탐색하는 과정을 설명해 보세요.

■ **31개의 자료에서 68 찾기**

3	6	7	9	11	15	17	19	23	24	27	28	29	30	31	33
34	35	38	39	42	43	46	50	57	60	65	66	68	70	72	

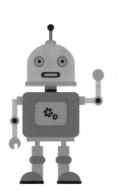

이진탐색 트리는 이진탐색의 과정을 하나하나 나열하여 표현하는 방법이야. 원하는 자료와 기준이 되는 자료의 크기를 비교하는 과정을 반복해 봐.

순차탐색(Sequential Search)

탐색방법 중 하나인 순차탐색은 자료가 나열된 대로 처음부터 끝까지 차례대로 하나씩 비교하여 원하는 값을 찾아내는 알고리즘입니다. 이 순차탐색은 자료가 크기순으로 배열되지 않아도 원하는 값을 찾을 수 있으며, 자료를 따로 조작할 필요가 없어 단순하지만 원하는 값을 찾을 때까지 하나씩 계속해서 크기를 비교해야 하므로 주어진 자료가 많을 때에는 비효율적이라는 단점을 지니고 있습니다.

■ 다음 자료에서 51 찾기

43	53	51	12	7

• 43≠51이므로 탐색 계속

43	53	51	12	7

• 53≠51이므로 탐색 계속

43	53	51	12	7

• 51=51이므로 탐색 끝

43	53	51	12	7

*A≠B는 A와 B가 서로 같지 않음을 의미합니다.

▲ 순차탐색
(출처: 유튜브 「Codly」)

08 정렬과 알고리즘

▶ 정답 및 해설 20쪽

📢 자료를 순서대로 나열하기 위해서는 '정렬'의 과정이 필요합니다. 정렬 알고리즘에 대해서 알아 볼까요?

핵심 키워드 #선택정렬 #버블정렬 #정렬 알고리즘

 **생각 쏙쏙** **선택정렬과 버블정렬**

정렬 알고리즘은 컴퓨터 분야에서 가장 깊게 연구된 분야 중 하나입니다. 최초의 전자식 디지털 컴퓨터인 '애니악'에서 버블정렬이 처음 실행된 이후, 수많은 정렬 알고리즘이 개발되었습니다. 정렬은 기본적으로 *오름차순으로 정리한다고 할 때, 선택정렬은 가장 작은 자료를 맨 앞으로 보내는 과정을 반복하는 것입니다. 가장 작은 자료와 맨 앞의 자료를 바꾸고, 나머지 자료 중에서 가장 작은 자료를 맨 앞으로 보내는 과정을 반복합니다.(이때, 맨 앞 자료는 정렬 범위에서 제외합니다.)

버블정렬은 이웃하는 숫자를 비교해서 작은 수를 앞으로 이동시키는 과정을 반복하는 정렬 알고리즘입니다. 작은 수가 마치 거품(bubble)처럼 위로 올라가는 것과 같다하여 버블정렬이라는 이름이 붙었습니다.

*오름차순: 작은 수부터 큰 수로 크기순으로 나열하는 것

STEP 1

[수학교과역량] **추론능력, 문제해결능력**

오른쪽은 4, 1, 7, 2, 5를 오름차순으로 정렬하는 과정을 나타낸 것입니다. 이와 같은 정렬 방법을 '선택정렬'이라고 합니다. 선택 정렬의 방법으로 다음 〈보기〉의 자료를 *오름차순으로 정렬하는 과정을 나타내어 보세요.

보기

8, 5, 3, 12, 1, 17, 4

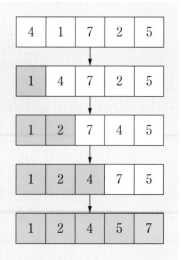

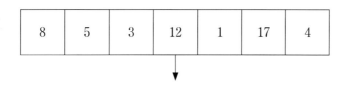

8	5	3	12	1	17	4

STEP 2

[수학교과역량] **추론능력, 문제해결능력**

다음은 버블정렬 과정을 통하여 5, 7, 4, 2, 1을 오름차순으로 정렬하는 과정입니다. 과정 일부가 물감으로 인해 지워져 보이지 않게 되었을 때, ㉠, ㉡에 들어갈 알맞은 정렬을 나열해 보세요.

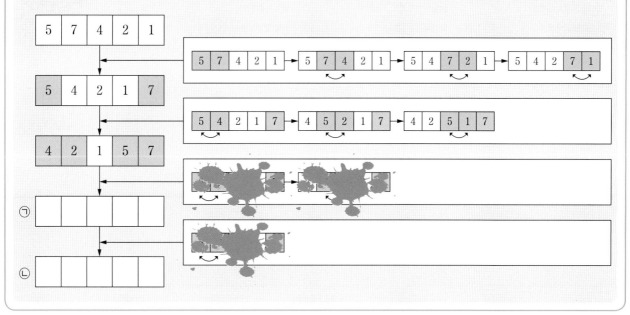

㉠: [ ][ ][ ][ ][ ]   ㉡: [ ][ ][ ][ ][ ]

도전! 코딩 　코들리(Codly) 미로를 탈출해라!

(이미지 출처: 코들리(https://codly.co.kr))

코들리는 블록을 사용하여 즐겁게 코딩할 수 있는 사이트입니다. 간단한 길 찾기부터 미로 만들기까지 즐거운 활동을 할 수 있습니다. 또한, 친구들이 만든 미로를 탈출할 수도 있습니다. 코들리를 활용해서 미로를 만들기 전에, 간단한 작동 방법 및 블록코딩 방법을 배울 수 있습니다.

[배우기] 탭에 들어가면 코딩으로 생각하기, 탐험하기, 알고리즘 등을 학습할 수 있습니다.

▲ 코들리

그럼, 본격적으로 미로를 만들어 볼까요?

먼저, 회원가입을 한 아이디와 비밀번호를 입력하여 로그인을 합니다.

WHAT?

➜ 직접 미로 만들기를 하여 캐릭터 를 도착지로 이동시킵니다.

HOW?

➔ 상단 메뉴바에서 [미로 만들기] 탭을 클릭합니다. 처음이면 아직 만든 미로가 없을 것입니다. 미로 만들기
버튼을 누르면, 미로를 만들 수 있는 창이 나타납니다.

➔ 먼저, 출발하는 캐릭터의 위치와 도착지를 바꿀 수 있습니다. ✛ 이동 버튼을 클릭하여 분홍색 캐릭터와
도착지를 원하는 곳에 놓습니다.

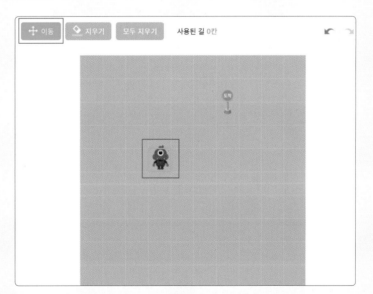

➔ 다음으로 왼쪽의 배경, 길, 아이템, 장애물 버튼으로 미로를 꾸밉니다. 배경 은 미로의 배경이 되는 모습

을 꾸밀 수 있고, 길 은 미로를 탈출하기 위해 캐릭터가 다닐 수 있는 길을 만들 수 있습니다. 아이템 은

미로 탈출 중에 모아야 하는 아이템을 놓을 수 있으며, 은 다른 길로 가거나 점프를 하여 피해야 하는 장애물을 놓을 수 있습니다. 는 배경을 더욱 다양하게 꾸밀 수 있습니다.

➜ 미로를 모두 꾸민 후에는 프로젝트 제목을 적고, 어떤 미션을 해결해야 하는지 적습니다. 만든 미로를 저장하고, 실행버튼을 누르면 미로를 탈출하기 위한 코딩을 할 수 있습니다.

DO IT!

그럼 만들어둔 미로를 이용해서 직접 코딩해 볼까요?

▲ 미로 실행하기

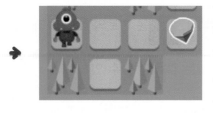

캐릭터가 정면을 보고 있으므로 왼쪽으로 회전 블록을 넣습니다. 그 후 보석을 얻기 위해 앞으로 이동을 해야 합니다. 총 3칸을 이동해야 하므로 반복을 활용하여 그림과 같이 코딩합니다.

파란색 보석을 얻은 후에는 왼쪽으로 회전한 후 앞으로 두 칸을 이동하고, 다시 왼쪽으로 회전하여 앞으로 한 칸 이동해야 합니다. 그 후에는 오른쪽으로 회전한 후 앞으로 두 칸 이동합니다.

다음 오른쪽으로 회전하여 보석함과 빨간색 보석을 얻기 위해 앞으로 두 칸 이동합니다. 뾰족한 장애물을 피하기 위해 한 칸 점프한 후, 초록색 보석을 얻습니다.

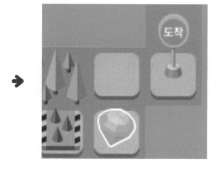

초록색 보석을 얻은 후에는 왼쪽으로 회전한 후 앞으로 한 칸 이동, 오른쪽으로 회전한 후 앞으로 한 칸 이동하여 도착지에 도착합니다.

➔ 미로를 탈출한 오른쪽 그림과 같은 캐릭터를 만날 수 있어요.

* 코딩 후엔 꼭 실행해 보세요!

▶ 정답 및 해설 21쪽

〈3단원-알고리즘이 쑥쑥〉을 학습하며 배운 개념들을 정리해 보는 시간입니다.

1 용어에 알맞은 설명을 선으로 연결해 보세요.

선택정렬 •	• 이웃하는 숫자를 비교해서 작은 수를 앞으로 이동시키는 과정을 반복하여 정렬하는 것
이진탐색 •	• 일이 일어나는 순서나 해야할 작업의 순서를 기호와 도형을 이용해서 나타낸 것
버블정렬 •	• 원하는 값을 얻기 위해서 자료를 반으로 나누어 가면서 자료를 찾아가는 방법
순차탐색 •	• 가장 작은 자료를 맨 앞으로 보내는 과정을 반복하는 것
다익스트라 알고리즘 •	• 꼭짓점 간의 최단경로를 찾는 알고리즘으로, 오늘날 가장 많이 쓰이는 최단 경로 알고리즘
순서도 •	• 자료를 자료가 나열된 대로 처음부터 끝까지 차례대로 비교하여 원하는 자료를 찾아내는 알고리즘

2 내가 가장 좋아하는 음식 하나를 적고, 그 음식을 만드는 요리법을 조사하여 알고리즘으로 나타내어 보세요.

좋아하는 요리:

[요리법]

인원	인원: 2인 이상	소요시간	5분

방법

❶ 풀, 지우개, 싸인펜 뚜껑 등 세울 수 있는 필기도구 6개를 준비합니다.

❷ 맨 왼쪽 여섯 개의 □칸에 길이가 서로 다른 필기도구 6개를 무작위로 세워 놓습니다.

❸ 나란히 놓여 있는 필기도구 2개를 화살표를 따라 오른쪽 동그라미로 옮깁니다.

❹ 동그라미에 함께 놓여 있던 필기도구 2개 중 길이가 짧은 것은 아래의 동그라미로, 길이가 긴 것은 위쪽의 동그라미로 옮깁니다.

❺ 이 과정을 반복하여 필기도구가 어떻게 정렬되는지 관찰해 봅니다.

 신기한 정렬망

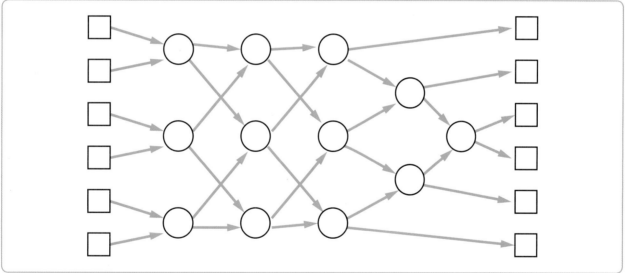

Q 정렬망을 거친 후 필기도구 6개는 어떻게 나열되었나요?

Q 정렬망의 비법은 무엇일까요?

4

나는야 데이터 탐정

학습활동 체크체크

학습내용	공부한 날		개념 이해	문제 이해	복습한 날	
1. 오류와 디버깅	월	일			월	일
2. 오류와 패리티 비트	월	일			월	일
3. 오류와 체크섬	월	일			월	일
4. 비밀 메시지와 오류	월	일			월	일
5. 바코드와 오류 검증	월	일			월	일
6. 데이터 검색과 분석	월	일			월	일
7. 연결리스트와 논리	월	일			월	일
8. 빅데이터와 분석	월	일			월	일

01 오류를 찾아라!
오류와 디버깅

▶ 정답 및 해설 22쪽

📢 우리는 때로는 실수를 하기도 합니다. 하지만 중요한 것은 그 실수를 바로 잡는 것이지요. 이처럼 데이터에도 오류가 생길 수 있어요. 오류와 디버깅에 대해 알아 볼까요?

핵심 키워드 #오류 검출 #오류 수정 #디버깅

STEP 1

[수학교과역량] **추론능력**

코코는 원판에 낙서를 하다가 무의식중에 자신이 일정한 규칙에 따라 숫자를 적고 있다는 사실을 발견했습니다. 신기한 마음에 코코는 이 사실을 퐁퐁이에게 자랑했습니다. 그러자 퐁퐁이가 "여기 한 칸은 규칙에 맞지 않는데…?"라고 말했습니다. 퐁퐁이가 말한 칸은 몇 번 칸인지 그 이유와 함께 써 보세요.

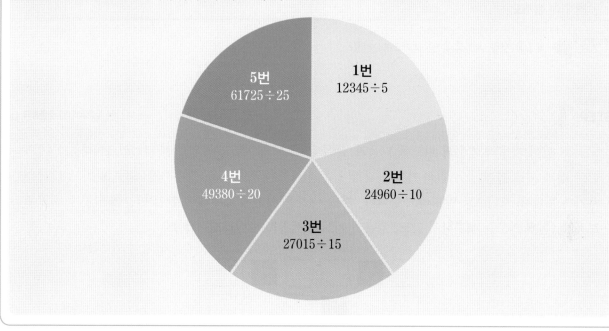

STEP 2

[수학교과역량] 추론능력, 문제해결능력

풍풍이가 원판에 한 가지 숫자를 나눗셈을 이용하여 다양하게 나타내어 보았습니다. 이번에는 코코가 이 원판에서 오류를 발견하고 "풍풍아, ○번째 칸이 잘못 되었어!"라고 말했습니다. 코코가 말한 칸은 몇 번 칸인지 그 이유와 함께 써 보세요.

5번
$61725 \div 25$

1번
$12345 \div 5$

2번
$24960 \div 10$

4번
$49380 \div 20$

3번
$27015 \div 15$

4
단원

....

....

....

....

생각 쏙쏙 　오류와 디버깅

오류(Error)는 소프트웨어, 장치 등에서 생기는 문제 상황입니다. 특히 코딩에서 생기는 오류를 버그(Bug)라고 부르기도 합니다. 그리고 이 버그를 찾아서 제거하는 것을 디버깅(Debugging)이라고 합니다. 코딩을 하는 것도 중요하지만, 오류가 났을 때 원인을 찾아 문제를 해결할 수 있는 능력도 아주 중요합니다.

오류와 패리티 비트

▶ 정답 및 해설 22쪽

📢 데이터에 오류가 있는지를 확인하는 과정은 매우 중요합니다. 오류를 검증하는 다양한 방법 중 패리티 비트에 대해 알아 볼까요?

핵심 키워드 #오류 검출 #오류 수정 #패리티 비트

STEP 1 [수학교과역량] **추론능력**

코코는 흰색 카드와 검은색 카드를 다음과 같이 5×5 모양으로 무작위로 배열하였습니다. 그 이후 가로 행과 세로 열에 있는 흰색 카드와 각각 검은색 카드가 각각 모두 짝수 장이 되도록 카드 11장을 추가하여 6×6 모양으로 만들려고 합니다. 카드 11장을 어떻게 배열해야 할지 빈칸에 알맞게 색칠해 보세요.(흰색 카드는 색칠하지 않고, 검은색 카드는 색칠하여 나타냅니다.)

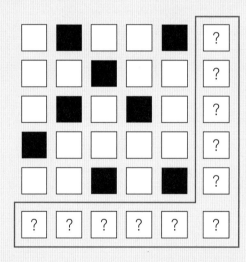

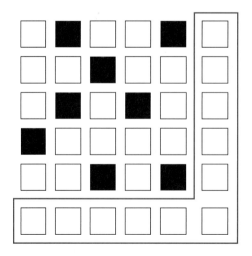

STEP 2

코코가 8×8 모양으로 가로 행과 세로 열에 있는 흰색 카드와 검은색 카드가 각각 모두 짝수 장이 되도록 배열하였습니다. 잠시 후 코코가 자리를 비운 사이, 퐁퐁이가 와서 카드 1장을 뒤집고 갔습니다. 퐁퐁이가 뒤집은 카드는 무엇인지 찾아 동그라미하고, 그 이유를 설명해 보세요.

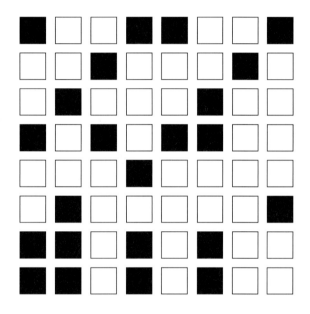

....

....

....

 **패리티 비트(Parity bit)**

패리티 비트(Parity bit)는 데이터를 전송하는 과정에서 오류가 생겼는지를 확인하기 위해 데이터 마지막에 추가되는 비트입니다. 패리티 비트는 오류 검출 부호에서 가장 간단한 방법 중의 하나입니다. 전송하고자 하는 데이터의 끝에 1비트를 더하여 전송하는 방법으로, 2가지 종류의 패리티 비트(홀수, 짝수)가 있습니다.

실제 전송하고자 하는 데이터   패리티 비트

1	0	0	1	0	1	0	1	1

오류와 체크섬

▶ 정답 및 해설 23쪽

📢 데이터에 오류가 있는지를 확인하는 과정은 중요하다고 했습니다. 오류를 검증하는 다양한 방법 중 하나인 합계를 이용한 체크섬에 대해 알아 볼까요?

핵심 키워드 ▶ #오류 검출 #오류 수정 #체크섬

STEP 1

[수학교과역량] **추론능력**

풍풍이와 코코는 다니고 있는 학교의 전체 학생 수를 표로 나타내어 보았습니다. 그런데 어느 하나의 수를 잘못 입력했다는 것을 알게 되었습니다. 몇 학년 몇 반의 학생 수를 잘못 입력했는지 찾고, 바르게 고쳐 보세요.

구분	1학년	2학년	3학년	4학년	5학년	6학년	합계
1반	22	24	22	29	25	22	144
2반	23	23	21	28	24	21	140
3반	22	23	23	27	24	21	140
4반	21	24	22	27	23	23	142
5반	23	22	22	28	22	22	139
6반	20	24	21	27	24	23	139
합계	131	140	133	166	142	132	844

 **생각 쏙쏙** **체크섬(check sum)**

체크섬(Check sum)은 데이터에 오류가 있는지 검사하기 위한 방법 중 하나입니다. 보통은 디지털 데이터의 맨 마지막에 삽입되며, 데이터를 입력 또는 전송할 때 모두 합친 합계(Sum)를 따로 보내는 것이 바로 체크섬(Check sum)입니다. 데이터를 하나씩 모두 더한 다음, 이를 최종적으로 들어온 합계와 비교해서 차이가 있는지를 점검합니다.

STEP 2

다음은 어떠한 규칙으로 데이터를 정리한 것입니다. 그런데 데이터를 정리하는 과정에서 하나의 데이터에 오류가 발생했습니다. 어디에서 오류가 발생했는지 찾아 동그라미 표시를 하고, 바르게 고쳐 보세요.

1	0	1	1	1	0	46
1	1	0	1	0	1	53
0	1	0	0	0	1	17
0	0	1	1	0	1	13
1	1	0	1	0	0	54
1	1	0	1	0	1	53
51	27	36	55	34	29	

04 비밀 메시지와 오류

▶ 정답 및 해설 24쪽

📢 비밀로 하고 싶은 내용이 있을 때, 컴퓨터의 언어를 사용하여 재미있게 표현할 수 있습니다. 표현하는 과정에서 생기는 오류는 어떻게 찾을까요?

핵심 키워드 #오류 검출 #오류 수정 #패리티 비트

STEP 1

[수학교과역량] 추론능력, 문제해결능력

다음 표는 비밀 메시지를 컴퓨터 언어로 바꾸는 방법입니다.

한글 자음	컴퓨터 언어	한글 모음, 쌍자음	컴퓨터 언어
ㄱ	00000	ㅏ	10000
ㄴ	00001	ㅑ	10001
ㄷ	00010	ㅓ	10010
ㄹ	00011	ㅕ	10011
ㅁ	00100	ㅗ	10100
ㅂ	00101	ㅛ	10101
ㅅ	00110	ㅜ	10110
ㅇ	00111	ㅠ	10111
ㅈ	01000	ㅡ	11000
ㅊ	01001	ㅣ	11001
ㅋ	01010	ㄲ	11010
ㅌ	01011	ㄸ	11011
ㅍ	01100	ㅃ	11100
ㅎ	01101	ㅆ	11101
		ㅉ	11110

예시

• 비밀 메시지: 떡볶이 • 컴퓨터 언어: 11011/10010/00000/00101/10100/11010/00111/11001

위의 표를 활용하여 퐁퐁이가 코코에게 보내려는 비밀 메시지를 컴퓨터 언어로 바꾸어 보세요.

> 퐁퐁이가 코코에게 보내려는 비밀 메시지: 불꽃놀이

STEP 2

풍퐁이는 컴퓨터로 메시지를 보낼 때 가끔 오류가 생길 수 있다는 사실을 알게 되었습니다. 오류를 찾기 위하여 컴퓨터 언어에 패리티 비트를 붙이려고 합니다. 규칙을 찾은 후 다음 표의 빈칸에 알맞은 수를 써 넣으세요.

한글 자음	컴퓨터 언어	패리티 비트	한글 모음, 쌍자음	컴퓨터 언어	패리티 비트
ㄱ	00000	0	ㅏ	10000	
ㄴ	00001	1	ㅑ	10001	
ㄷ	00010	1	ㅓ	10010	
ㄹ	00011	0	ㅕ	10011	
ㅁ	00100	1	ㅗ	10100	
ㅂ	00101	0	ㅛ	10101	
ㅅ	00110		ㅜ	10110	
ㅇ	00111		ㅠ	10111	
ㅈ	01000		ㅡ	11000	
ㅊ	01001		ㅣ	11001	
ㅋ	01010		ㄲ	11010	
ㅌ	01011		ㄸ	11011	
ㅍ	01100		ㅃ	11100	
ㅎ	01101		ㅆ	11101	
			ㅉ	11110	

STEP 3

STEP 2의 표를 이용하여 컴퓨터 언어와 패리티 비트를 붙여 나타낸 글자 중에서 오류인 글자를 찾아내려고 합니다. 다음 표에서 몇 번 글자에 오류가 있는지를 찾고, 올바른 비밀 메시지가 무엇일지 추측하여 한글로 써 보세요.

〈비밀 메세지〉

글자 번호	컴퓨터 언어 + 패리티 비트
1번 글자	001010
2번 글자	100100
3번 글자	010011
4번 글자	110101
5번 글자	101000
6번 글자	010010

▶ 정답 및 해설 25쪽

📢 바코드는 상품 관리를 컴퓨터가 할 수 있도록 상품에 표시된 막대 모양의 검고 흰 줄무늬 기호입니다. 바코드에 숨겨진 오류 검증 코드를 알아 볼까요?

핵심 키워드 #오류 검증 #바코드 #체크 숫자

STEP 1

[수학교과역량] **추론능력, 문제해결능력**

바코드에는 검고 흰 막대 모양의 줄무늬 기호와 함께 13개의 숫자가 있습니다. 이중 13번째 자리의 숫자는 체크 숫자로, 바코드의 오류를 검증하는 데 필요합니다. 다음 〈바코드 오류 검증 방법〉을 이용하여 바코드의 체크 숫자를 구해 보세요.

〈바코드 오류 검증 방법〉

❶ 짝수 번째 자리의 수에 3을 곱한다.

❷ 짝수 번째 자리의 수에 3을 곱한 값과 홀수 번째 자리의 수를 모두 더한다.

❸ ❷에서 구한 값의 일의 자리의 수를 10에서 뺀다. 그 수가 체크 숫자이다.

❹ ❸에서 구한 값과 바코드의 13번째 자리의 숫자가 같으면 올바른 바코드이다.

4
단원

STEP 2

STEP 1의 〈바코드 오류 검증 방법〉을 이용하여 다음 바코드가 오류인지 아닌지를 판단해 보세요. 오류가 있으면 있다에 ○표를, 오류가 없으면 없다에 ○표를 하세요.

①	②
 9 788959 406272	8 801376 039006

①	②
이 바코드는 오류가 (있다 , 없다)	이 바코드는 오류가 (있다 , 없다)

06 데이터 검색과 분석

조건 만족시키기

▶ 정답 및 해설 25쪽

📢 데이터를 수집하고 분석하는 능력은 데이터 과학에서 매우 중요합니다. 다양한 데이터를 조건에 맞게 찾고 분석하는 방법에 대해서 알아 볼까요?

핵심 키워드 #데이터 베이스 #데이터 검색 #조건

STEP 1

[수학교과역량] **창의·융합능력, 문제해결능력**

다음은 퐁퐁이네 학교 〈야외운동장과 실내체육관 이용 조건〉과 〈실내체육관 이용시간표〉입니다.

〈야외운동장과 실내체육관 이용 조건〉

1. 비가 오는 날은 야외운동장을 사용할 수 없다.
2. 미세먼지 농도가 $30\mu g/m^3$를 초과하면 야외운동장을 사용할 수 없다.
3. 미세먼지와 날씨에 상관없이 실내체육관을 사용할 수 있다.
4. 실내체육관의 이용시간은 요일별로 정해져 있으며, 야외운동장은 이용시간이 따로 정해져 있지 않다.

〈실내체육관 이용시간표〉

월	1반
화	2반
수	3반
목	4반
금	5반

이번 주 일기 예보가 아래와 같을 때, 퐁퐁이네 학교 3반이 야외운동장이나 실내체육관에서 운동할 수 있는 요일은 언제인지 구해 보세요.

	월	화	수	목	금
미세먼지농도($\mu g/m^3$)	30	40	70	30	20
날씨	🌧️	🌧️	☀️	☀️	🌧️
실내체육관	?	?	?	?	?
야외운동장	?	?	?	?	?

....

....

....

....

....

....

STEP 2

[수학교과역량] 추론능력, 문제해결능력, 창의·융합능력

폭폭이는 8월 말에 가족들과 수영장에 놀러 가려고 합니다. 수영복이 없는 폭폭이는 새로운 수영복을 구매할 계획을 세우고, 인터넷 검색을 통해 1년간 월별 수영복 판매가격을 정리한 그래프를 찾았습니다. 다음과 같은 [조건]이 주어졌을 때, 폭폭이가 수영복을 구매하려면 최소한 몇 월부터 용돈을 모아야 하는지 구해 보세요.

> **조건**
> 1. 1년 중 수영복의 판매가격이 가장 저렴한 달에 수영복을 구매하고자 합니다.
> 2. 폭폭이는 매달 1일에 7천 원씩 용돈을 받습니다.

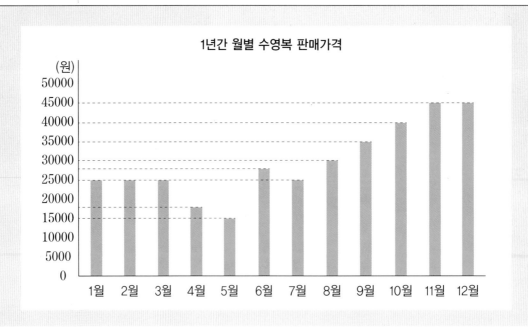

....

....

....

....

....

....

....

....

....

....

....

....

....

....

....

....

데이터 검색(Data Retrieval)

데이터 검색은 데이터 베이스에서 조건에 맞는 필요한 데이터를 찾아내는 것을 의미합니다. 조건에 맞는 데이터를 검색하고 추출하기 위해서는 데이터 베이스 쿼리(Query)를 작성해야 합니다. 쿼리란 데이터 베이스에 끊임없이 질문하는 것을 뜻합니다. 이렇게 조건에 맞도록 질문해 나가면서 원하는 데이터가 검색되어 추출됩니다.

07 연결리스트와 논리

> 정답 및 해설 26쪽

📢 연결리스트는 데이터를 나란히 연결하여 관리하는 방법입니다. 연결리스트에 숨겨진 논리가 무엇인지 파악해 볼까요?

핵심 키워드 #연결리스트 #포인터 #노드 #데이터 연결

STEP 1

[수학교과역량] **추론능력, 문제해결능력**

화물기차의 각각의 칸에는 나무, 석탄, 금, 다이아몬드가 실려 있습니다. 화물기차를 연결하기 위해 다음에 올 화물기차에 실린 자원을 화물기차 오른쪽에 다음 [예시]와 같이 표시해 두었습니다.

예시

나무가 실려 있는 파란 화물기차 다음에는 다이아몬드가 실려 있는 화물기차가 연결되어야 합니다.

〈보기〉의 화물기차들을 차례로 연결하여 기호로 나열해 보세요.

보기

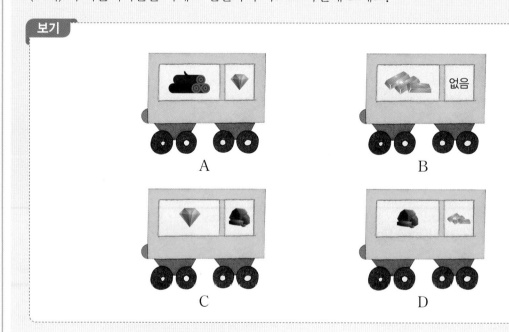

(   )

 **연결리스트(linked list)**

연결리스트(linked list)는 데이터들을 포인터로 연결해서 관리하는 구조로, 데이터와 다음 데이터를 가리키는 포인터로 구성되는 것입니다. 즉, [데이터, 포인터]–[데이터, 포인터]–[데이터, 포인터]–… 와 같은 형태로 연결되는 것입니다. 그리고 포인터에는 다음 데이터를 가리키는 정보가 들어있습니다. 아래 그림과 같이 데이터와 포인터로 구성된 것을 노드라고 합니다.

▲ 노드

데이터를 관리하기 위해 연결리스트를 사용하는 이유는 새로운 데이터를 중간에 끼워 넣거나 뺄 때, 데이터의 위치를 바꾸지 않고 포인터만 바꾸면 쉽게 수정할 수 있기 때문입니다. 또한, 연결리스트를 사용하면 메모리 공간을 절약할 수 있고, 데이터 처리 속도를 빠르게 할 수 있습니다.

STEP 2

[수학교과역량] 추론능력, 문제해결능력, 창의·융합능력

늑대 두 마리, 양 세 마리, 개 다섯 마리를 나무 뗏목에 태워 일렬로 연결하려고 합니다. 나무 뗏목에 늑대와 양이 같이 타면 양이 잡아 먹히므로 늑대와 양은 같은 나무 뗏목을 탈 수 없으며, 늑대와 개, 개와 양은 같은 나무 뗏목에 탈 수 있습니다. 또한, 나무 뗏목의 하얀색 칸과 다음 나무 뗏목의 초록색 칸에는 같은 동물이 타야합니다. 이때, 나무 뗏목에 늑대, 양, 개를 모두 태우는 방법을 생각하여 빈칸에 들어갈 동물을 앞에서부터 순서대로 나열해 보세요.

08 빅데이터와 분석

▶ 정답 및 해설 26쪽

📢 인터넷과 통신의 발달로 수많은 데이터가 만들어지고 있습니다. 이렇게 많은 데이터들을 분석하는 방법에 대해 알아 볼까요?

핵심 키워드 #빅데이터 #분석 #데이터

STEP 1

[수학교과역량] **추론능력, 창의·융합능력**

풍풍이와 코코는 맛있는 디저트 2개를 만들기 위해 최소한의 종류의 재료를 구매하려고 합니다. 다음 표는 디저트에 들어가는 재료를 나타낸 것이라고 할 때, 최소한의 종류의 재료로 만들 수 있는 디저트 2개는 무엇인지 적어 보세요.(단, 디저트의 이름은 위에서부터 순서대로 딸기 케이크, 딸기롤, 초코 크로와상, 딸기 아이스크림, 초코 케이크, 초코 쿠키입니다.)

디저트		디저트	
재료	딸기. 밀가루, 버터, 달걀, 설탕, 생크림	재료	딸기, 밀가루, 버터, 설탕, 달걀
디저트		디저트	
재료	밀가루, 버터, 달걀, 설탕, 초코	재료	딸기, 우유, 설탕
디저트		디저트	
재료	카카오가루, 초콜릿, 밀가루, 버터, 달걀, 설탕, 식용유	재료	아몬드가루, 카카오가루, 초콜릿, 버터, 설탕

(　　　　　 ,　　　　　)

STEP 2

음식 메뉴에 따라 음료를 추천해 주는 프로그램이 있습니다. 다음은 코코가 프로그램에서 추천 받은 음료를 표로 나타낸 것입니다. 이 프로그램에 따라 퐁퐁이와 코코가 음료를 추천받으려고 할 때, 선택한 음식에 따라 어떤 음료를 추천받을지 예상하여 써보세요.

음식	음료	음식	음료
해물라면	사이다	치즈 햄버거	콜라
김치찌개	물	제육볶음	사이다
소고기라면	사이다	김치전	물
치킨피자	콜라	해물전	사이다
소고기피자	콜라	된장찌개	물

퐁퐁이가 선택한 음식은 해물찜	코코가 선택한 음식은 치즈피자

🔆 생각 쏙쏙 · 빅데이터(big data)

빅데이터는 컴퓨터와 인터넷의 발달로 생성된 방대한 양의 데이터를 뜻합니다. 이렇게 수많은 데이터 속에서 의미있는 정보를 찾아 가치있는 일을 만들어내기도 합니다. 예를 들어 전세계 독감 검색량 증가로 독감 유행 시기를 예측하거나 야간의 통행량 증가로 시민들의 야간 버스의 필요성을 파악하기도 합니다. 이렇게 빅데이터를 분석하는 것은 데이터 간의 공통점과 차이점을 파악하는 것부터 시작됩니다.

도전! 코딩

ML4K(Machine Learning for Kids)
카멜레온 프로젝트

(이미지 출처: 머신러닝 포 키즈(https://machinelearningforkids.co.uk))

머신러닝 포 키즈(ML4K)는 어린이들도 쉽게 인공지능 프로그램을 만들 수 있는 사이트입니다. 이미지, 텍스트, 음성, 숫자 인식의 성능이 뛰어난 IBM 왓슨 인공지능의 자료를 활용하여 누구나 쉽고 재밌게 만들 수 있습니다.

인공지능이란, 사람처럼 스스로 생각하고 판단하게 되는 컴퓨터 프로그램을 말합니다. 원래 컴퓨터는 사람이 입력하는 명령에 따라서만 일을 수행하였는데, 인공지능의 발달로 이제 컴퓨터도 사람처럼 스스로 판단할 수 있는 것입니다.
여러분, 혹시 2016년에 열린 알파고(AlphaGo)와 이세돌의 바둑 대결을 알고 있나요? 수많은 바둑 기보를 학습한 알파고는 스스로 바둑의 다음 수를 생각하여 이세돌과의 대결에서 승리하였습니다. 이처럼 인공지능은 엄청난 데이터를 학습하여 인간의 능력을 뛰어넘기도 합니다.

그렇다면 인공지능의 비밀은 어디에 있을까요? 그것은 바로 '학습'입니다. 우리가 고양이와 강아지를 알게된 것은 고양이와 강아지의 다양한 모습을 접했기 때문입니다. 이처럼 고양이와 강아지를 구분하는 인공지능은 수많은 고양이, 강아지 데이터를 학습했기 때문에 가능한 것입니다. 이렇게 인공지능이 다양한 데이터를 학습하는 것을 '머신러닝'이라고 합니다.

머신러닝 포 키즈는 머신러닝을 아주 쉽게 할 수 있어서 누구나 인공지능을 만들 수 있습니다. 또한, 만든 인공지능을 활용하여 스크래치 프로그램에서 코딩을 할 수도 있습니다. 머신러닝 포 키즈는 텍스트, 이미지, 음성 등을 학습시켜 인공지능을 만들 수 있는데, 가입을 한다면 더더욱 다양한 프로젝트를 만들 수 있습니다.

[시작해봅시다] 버튼을 눌러 코딩을 시작해 보겠습니다.

▲ 머신러닝 포 키즈

WHAT?

➡ 주변의 색에 따라 몸의 색이 변하는 카멜레온.
주변의 색을 인지한 인공지능이 색을 나타낼 수 있도록 하여 나타낸 색이 카멜레온의 몸의 색이 되도록 합니다.

HOW?

1. [지금 실행해보기] 버튼을 누른 후, [＋프로젝트 추가] 버튼을 눌러 새로운 프로젝트를 시작합니다.

2. 프로젝트 이름은 영어로 'Chameleon', 인식 방법은 '이미지'를 선택합니다. 이때, 프로젝트 이름은 꼭 영어로 작성해야 합니다.

3. 생성된 프로젝트를 클릭합니다. 클릭하면 '훈련', '학습 & 평가', '만들기'가 나타납니다.

4. [훈련]을 클릭한 후, [＋새로운 레이블 추가] 버튼을 눌러 색을 입력합니다. 이때에도 영어로 입력해야 하며, 'RED', 'GREEN', 'BLUE' 세가지를 입력해 보겠습니다.

5. 다음과 같이 세 칸으로 나뉘어지며, 각 색깔을 학습시키기 위해 이미지를 넣습니다. 색을 포털 사이트 에서 검색한 후 드래그하여 이미지를 넣을 수 있습니다.

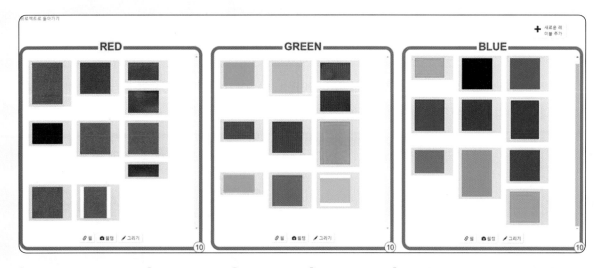

6. [프로젝트로 돌아가기]를 클릭한 후 [학습 & 평가]를 클릭하고, [새로운 머신 러닝 모델을 훈련시 켜 보세요.] 버튼을 눌러 RED, GREEN, BLUE를 학습시켜 봅니다.

7. 잠시 기다린 후, 학습이 완료되면 [웹캠으로 테스트하기]를 눌러 인공지능이 색을 잘 인식하는지 확인해 봅니다.

8. 다시 [프로젝트로 돌아가기]를 클릭한 후 [만들기]를 클릭합니다. '스크래치 3'과 '파이썬' 중 '스크래치 3'을 선택합니다.

9. '스크래치 3'을 열면 다음과 같은 화면이 나타납니다. 여기서 왼쪽 상단의 프로젝트 템플릿을 클릭합니다. 그럼 다양한 템플릿들이 나타납니다.

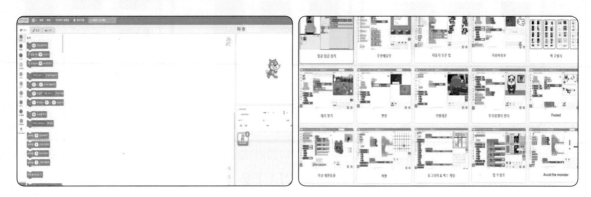

10. 그중 〈카멜레온〉 검색한 후, 선택하면 다음과 같이 기본 틀과 일부 코딩한 블록이 나타납니다.

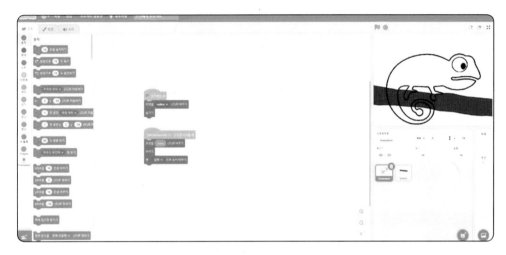

11. 왼쪽 상단의 [모양]을 클릭하면 다음과 같은 모습이 나타납니다.

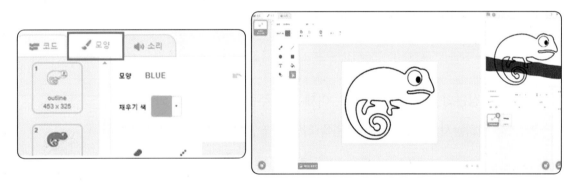

12. 카멜레온을 마우스 오른쪽 버튼을 클릭하고 복사하여 각각 빨강, 초록, 파랑색의 카멜레온을 만들어 줍니다. 그리고 모양 이름도 각각 RED, GREEN, BLUE로 바꿉니다.

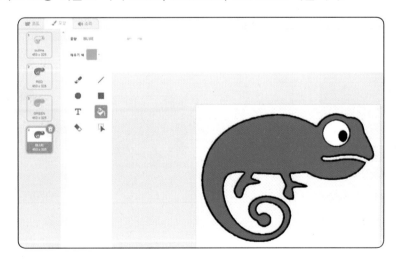

13. 다시 [코드] 탭으로 넘어가고, 오른쪽 하단의 [무대]를 클릭합니다.

14. 다음과 같이 앞에서 학습시킨 인공지능에 블록으로 만들어진 '이미지를 인식하기(레이블)' 블록을 넣고, 이미지에 'backdrop image' 블록을 끼워 넣습니다.

15. 다시 왼쪽 상단의 [배경]을 클릭하고, 이제 진짜 주변의 색에 따라 카멜레온의 색이 변하는지 확인해 봅니다. 왼쪽 하단의 를 클릭하여, 카메라를 선택합니다.

16. 주변의 사물 중 빨강, 초록, 파랑에 해당하는 물건을 각각 찍어 봅니다.

17. 오른쪽 상단의 초록색 깃발을 클릭하면 카멜레온의 몸의 색이 배경의 색에 맞춰 바뀌는 것을 볼 수 있습니다.

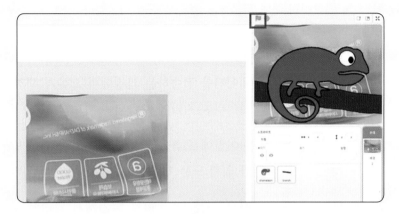

DO IT!

➡ 사이트에 접속하여 직접 코딩을 해 봅시다.

▲ 직접 코딩 해 보기

*코딩 후엔 꼭 실행해 보세요.(단, 휴대폰 화면에는 모든 화면이 들어오지 않을 수 있으므로 정상 실행을 위해서는 탭이나 컴퓨터를 이용해 주세요.)

➔ 정답 및 해설 27쪽

〈4단원-나는야 데이터 탐정〉을 학습하며 배운 개념들을 정리해 보는 시간입니다.

1 용어에 알맞은 설명을 선으로 연결해 보세요.

오류 •　　　　　 • 데이터를 전송하는 과정에서 오류가 생겼는지를 확인하기 위해 데이터 마지막에 추가되는 비트

디버깅 •　　　　　 • 데이터에 오류가 있는지 검사하기 위한 방법 중 하나로, 데이터를 입력 또는 전송할 때 다 합친 합계를 따로 보내는 것

패리티 비트 •　　　　 • 데이터들을 포인터로 연결해서 관리하는 구조로, 데이터와 다음 데이터를 가리키는 포인터로 구성되는 것

체크섬 •　　　　　 • 소프트웨어, 장치 등에서 생기는 문제 상황

데이터 검색 •　　　　 • 데이터 베이스에서 조건에 맞는 필요한 데이터를 찾아내는 것

연결리스트 •　　　　 • 오류를 찾아서 제거하는 것

빅데이터 •　　　　 • 컴퓨터와 인터넷의 발달로 생성된 방대한 양의 데이터

2 다음은 한 사이트에서 2020년 1월 초부터 2021년 4월까지 '코로나', '마스크', '확진자' 세 검색어의 검색량을 나타낸 그래프입니다. 다음을 보고 알 수 있는 점을 이야기 해 보세요.

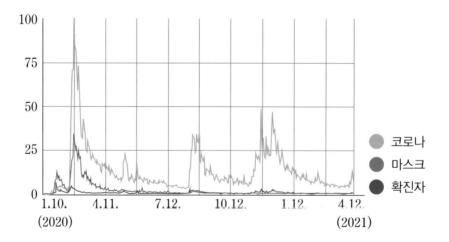

언플러그드 코딩놀이 나는야 카드 마술사

인원	2인	소요시간	5분
준비물	양면 카드(흰색, 검은색) 64장		
방법			

❶ 49장의 양면 카드를 7×7 모양으로 무작위로 배열합니다.

❷ 나머지 양면 카드 15장을 ❶에서 배열한 7×7 모양에 붙여 8×8 모양으로 만듭니다. 이때, 각 가로 행과 세로 열의 흰색 카드와 검은색 카드가 각각 모두 짝수 장이 되도록 배열합니다.

❸ 눈을 가린 후 상대방에게 카드 1장을 뒤집게 합니다.

❹ 바뀐 카드 배열을 보고, 상대방이 뒤집은 카드를 찾아냅니다.

Hint ❶, ❷의 카드 배열 예시

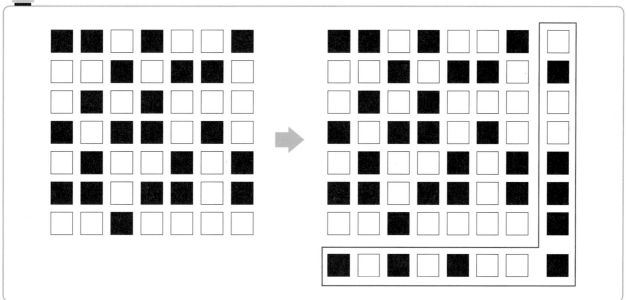

Q 상대방이 뒤집은 카드를 어떻게 알아낼 수 있을까요?

Tip 비밀은 패리티 비트에 있습니다. 7×7 모양의 카드 배열에서 가로 행과 세로 열에 놓인 흰색 카드와 검은색 카드가 각각 모두 짝수 장이 되도록 8×8 모양의 배열을 만들어 놓았습니다. 따라서 각각의 가로 행과 세로 열 중에서 흰색 카드와 검은색 카드가 홀수 장이 되는 가로 행과 세로 열이 만나는 것을 발견하면 누구나 카드 마술사가 될 수 있습니다.

데이터 과학자는 우리 일상에 필요한 데이터를 수집하고, 컴퓨터가 이해할 수 있도록 가공하고, 분석하여 우리 삶에 도움이 될 수 있는 정보를 제공하는 일을 합니다. 의료, 금융, 산업, 마케팅 등 다양한 분야에서 활약하고 있습니다.

5

네트워크를 지켜줘

학습활동 체크체크

학습내용	공부한 날	개념 이해	문제 이해	복습한 날
1. 네트워크와 사물인터넷	월 일			월 일
2. 네트워크와 연결거리	월 일			월 일
3. 네트워크와 라우팅	월 일			월 일
4. 네트워크와 IP	월 일			월 일
5. 네트워크와 암호 프로토콜	월 일			월 일
6. 네트워크와 암호화	월 일			월 일
7. 네트워크와 복호화	월 일			월 일
8. 네트워크와 암호시스템	월 일			월 일

01 네트워크의 세계
네트워크와 사물인터넷

➤ 정답 및 해설 27쪽

📢 거미줄을 떠올려 보세요. 가느다란 줄이 촘촘하게 엮여 사방으로 뻗어나가는 모습이 떠오를 것입니다. 우리가 사용하는 전자장치들도 이렇게 서로서로 얽혀 있는데 이런 모습을 네트워크라고 합니다. 지금부터 네트워크에 대해 탐험해 봐요.

핵심 키워드 #네트워크 #사물인터넷

STEP 1
[수학교과역량] 추론능력

사무실에 컴퓨터가 5대 있습니다. 이 5대의 컴퓨터에 프린터기를 각각 연결하려고 합니다. 프린터기와 컴퓨터를 연결하는 선이 다른 선과 겹칠 경우, 용량이 초과되어 모든 기계가 고장이 나게 됩니다. 모든 기계가 고장 없이 잘 작동할 수 있게 같은 색의 컴퓨터와 프린터기를 연결해 보세요.(단, 연결선은 검정색 선을 따라서만 설치가 가능합니다.)

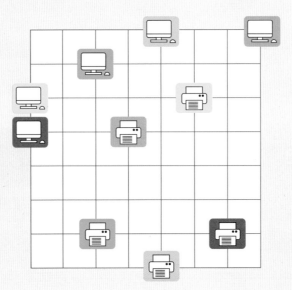

 **네트워크(Network)**

전자장치가 서로 연결되어 있는 모습을 상상하면 그물(net) 모양이 떠오를 것입니다. 여기서 네트워크라는 이름이 생겨났습니다. 네트워크란 넓은 의미에서는 떨어져 있는 장치들끼리 정보 교환이 가능하도록 연결해 둔 구조를 의미하며, 좁은 의미에서는 컴퓨터 사이에 데이터를 주고받을 수 있는 통신망을 의미합니다.

STEP 2

[수학교과역량] 추론능력

다음은 사물인터넷(IoT)에 대한 설명입니다.

사물인터넷(IoT)이란 사물과 사물을 인터넷으로 연결하여 서로의 데이터를 공유하고, 생성하며, 활용하는 장치가 되는 네트워크 기술입니다. 집에 설치된 전자장치들이 소비하는 전력량을 관리하는 휴대전화 어플리케이션, 실내의 온도와 습도 등에 따라 재배하는 작물에 물을 주는 빈도와 양을 조절하는 농작물 관리 장치 등을 예로 들 수 있습니다.

이러한 사물인터넷이 우리 삶에 미칠 영향을 3가지 이상 써 보세요.

 **사물인터넷(IoT)의 사용**

사물인터넷에 대해 더 알고 싶다면, 아래 영상을 확인해 보세요.

▲ 사물인터넷
(출처: 유튜브 「엄마, 내가 알려줄게」)

➤ 정답 및 해설 28쪽

02 네트워크의 세계

네트워크와 연결거리

📢 여러 네트워크들을 연결할 때, 연결 길이가 길어진다면 다양한 문제가 생길 수 있습니다. 지금부터 여러 개의 네트워크를 가장 짧게 연결할 수 있는 방법을 함께 탐구해 볼까요?

핵심 키워드 #네트워크 #슈타이너 점 #슈타이너 트리

STEP 1

[수학교과역량] **추론능력, 문제해결능력**

3개의 섬이 있습니다. 3개의 섬에 모두 광케이블을 깔아 인터넷 네트워크를 형성하려고 합니다. 사용하는 광케이블은 서로 다른 길이로 총 3종류이며, 광케이블 간의 길이는 아래와 같습니다.

	0 km																		2 km
파란색 광케이블																			
노란색 광케이블																			
초록색 광케이블																			

다음 중 광케이블을 가장 짧게 사용하는 경로를 고르세요.(단, 광케이블 간의 길이는 반드시 유지해야 합니다.)

A.
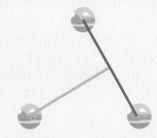

B.
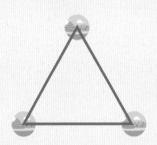

C.
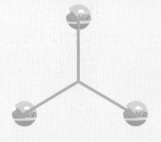

[수학교과역량] **추론능력, 문제해결능력**

4개의 섬이 있습니다. 4개의 섬에 모두 광케이블을 깔아 인터넷 네트워크를 형성하려고 합니다. 사용하는 광케이블은 서로 다른 길이로 총 4종류이며, 광케이블 간의 길이는 아래와 같습니다.

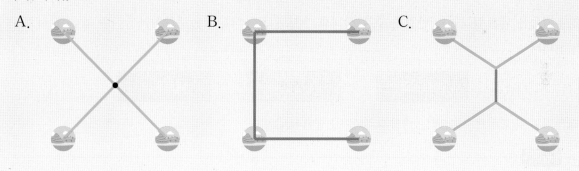

	0 km															2 km
파란색 광케이블																
노란색 광케이블																
초록색 광케이블																
보라색 광케이블																

다음 중 광케이블을 가장 짧게 사용하는 경로를 고르세요.(단, 광케이블 간의 길이는 반드시 유지해야 합니다.)

A.　　　　　　　　B.　　　　　　　　C.

....

....

....

....

....

 생각 쏙쏙

슈타이너 트리(Steiner tree)

다각형의 각 꼭짓점을 내부의 한 점과 이을 때, 꼭짓점과 내부의 점 사이의 길이의 합이 최소가 되는 점을 슈타이너 점(Steiner point)이라고 합니다. 그리고 이 슈타이너 점을 가장 짧게 이어가다보면 생기는 네트워크를 슈타이너 트리(Steiner tree)라고 하고, 이 스타이너 트리는 최소 길이 합의 네트워크망 구축을 위해 사용됩니다. 예를 들어 통신망, 교통망, 송유관 배치 등에 슈타이너 트리의 원리가 적용됩니다.

03 네트워크의 세계
네트워크와 라우팅

▶ 정답 및 해설 28쪽

📢 친구에게 SNS를 이용해 메시지를 보낼 때, 네트워크 세계에서는 어떤 일이 일어나고 있을까요? 나의 메시지를 다른 네트워크에 살고 있는 친구에게 전해 주는 가상의 우편배달부를 상상해 보세요. 이러한 가상의 우편배달부를 라우터라고 해요.

핵심 키워드 #네트워크 #라우터 #라우팅 #교착 상태

STEP 1

[수학교과역량] 추론능력, 문제해결능력

라우터들은 네트워크들을 연결해 주는 장치로, 네트워크-라우터-네트워크-…와 같은 순서로 배치됩니다.

네트워크	-------	라우터	-------	네트워크

라우터와 네트워크 사이에는 다음과 같은 규칙이 있습니다.

• 규칙 •

1. 1번 라우터는 5번과 6번 네트워크 사이에서 바로 메시지를 전달합니다.
2. 2번 라우터는 6번과 8번 네트워크 사이에서 바로 메시지를 전달합니다.
3. 3번 라우터는 7번과 8번 네트워크 사이에서 바로 메시지를 전달합니다.
4. 4번 라우터는 7번과 9번 네트워크 사이에서 바로 메시지를 전달합니다.

5번 네트워크가 보낸 메시지에 가장 빠르게 답장을 하기 위해서 9번 네트워크가 사용할 라우터를 순서대로 답해 봅시다.

[수학교과역량] 추론능력, 문제해결능력, 창의·융합능력

고속도로 입구에 교통체증이 있다고 합니다. 고속도로 입구에 있는 신호기가 1번~3번 도로의 차들을 일정한 비율로 순서대로 고속도로로 입장시키고 있으며 4번 도로의 특수차량을 신호대기 없이 입장시키고 있습니다. 1번 도로 위에는 210대, 2번 도로 위에는 140대, 3번 도로 위에는 350대의 차가 각각 대기하고 있습니다. 신호기가 10분 동안 1번 도로, 2번 도로, 3번 도로에 각각 몇 분씩 신호를 할당해야 공평하게 신호를 분배하는 것인지 구해 보세요.(단, 신호기는 한번에 하나의 신호만 할당할 수 있습니다.)

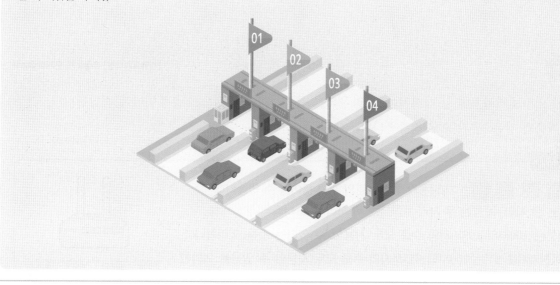

1번 도로( )분, 2번 도로( )분, 3번 도로( )분

라우터(Router)와 교착 상태(Deadlock)

라우터(Router)란 여러 네트워크를 연결해 주는 장치입니다. 인터넷상에서 패킷(메시지)의 위치를 확인하고, 이를 목적지로 보낼 최상의 경로를 골라 전송시켜 줍니다. 이러한 과정을 라우팅(Routing)이라고 합니다. 라우팅은 통신망, 교통망 등 다양한 네트워크에서 사용됩니다. 한편, 네트워크 간의 라우팅 과정에서 여러 개의 작업이 대기 상태가 되어 작업이 완료되지 않는 상태를 교착 상태(Deadlock)라고 합니다. 따라서 교착 상태가 일어나지 않도록 라우팅이 쉽고 효율적인 네트워크를 만드는 것이 중요합니다.

04 네트워크와 IP

네트워크의 세계

➤ 정답 및 해설 29쪽

📢 인터넷 세상 속에서는 IP 주소로 악당들을 잡아낸다는 이야기를 들어본 적이 있나요? IP 주소를 안다는 것은 인 터넷 네트워크 속 컴퓨터의 주소를 안다는 것과 같습니다. 신기하고도 복잡한 IP 주소의 비밀을 함께 파헤쳐 볼 까요?

핵심 키워드 #네트워크 #IP 주소

STEP 1

[수학교과역량] **추론능력, 문제해결능력**

코코가 인터넷에서 전송한 메시지는 각 라우터를 통과하여 최종적으로 퐁퐁이에게 전달됩니다. 라우 터는 다음과 같은 [규칙]으로 작동합니다.

> ・**규칙**・
>
> 1. 1 , 2 , 3 , 4 번 자리는 각각 0~255의 수가 들어갈 수 있습니다.
> 2. *는 한 자리 수, **는 두 자리 수, ***는 세 자리 수를 나타냅니다.
> 3. 1**는 100부터 199까지의 수를 모두 사용할 수 있다는 것을 의미합니다. 마찬가지로 2**는 200부터 255까지의 수를 모두 사용할 수 있음을 의미합 니다.

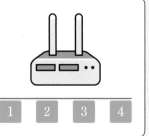

코코가 퐁퐁이에게 보낸 메시지가 인터넷상에서 길을 잃었다고 합니다. 이 메시지의 도착 주소는 193.111.65.222일 때, 메시지가 도착지까지 가는 동안 거쳐 가는 라우터를 알맞게 연결해 보세요.

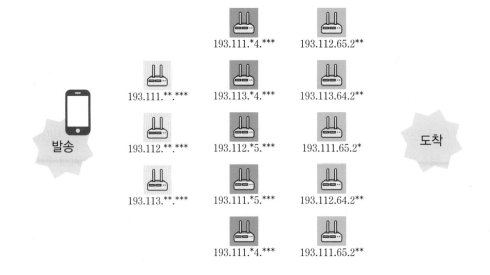

STEP 2

코코에게 메시지를 받은 퐁퐁이는 답장으로 여러 통의 메시지를 적었습니다. 그중 퐁퐁이가 코코에게 4통의 메시지를 발송했을 때, 코코에게 도착할 수 있는 메시지를 모두 고르세요.(단, 라우터는 코코가 사용했던 라우터와 똑같습니다.)

A. 193.111.195.33

B. 193.111.65.211

C. 193.112.65.202

D. 193.113.64.23

5
단원

 **IP주소**

인터넷 네트워크는 메시지를 주고 받는 장치를 구분하기 위해 IP 주소를 정해 줍니다. IP 주소는 네트워크 주소와 호스트 주소의 합으로 이루어집니다. 네트워크 주소로 네트워크를 식별하고, 호스트 주소로 장치를 식별하는 것입니다. IP 주소는 4개의 수로 이루어지고, 마침표(.)로 구분합니다. 이때 ①, ②, ③, ④는 각각 0~255의 수로 이루어집니다.

┌ 예시 ┐

111. 111. 111. 111
① ② ③ ④

자신의 컴퓨터의 IP 주소를 알고 싶다면 윈도우 작업표시줄의 돋보기를 누른 뒤, 'cmd'를 입력합니다. '명령 프롬프트' 앱을 실행한 뒤, 'ipconfig/all' 명령을 입력하면 자신의 컴퓨터의 IP 주소가 보입니다.

보안의 세계

네트워크과 암호 프로토콜

▶ 정답 및 해설 29쪽

📢 전자상거래, 전자투표, 가상화폐 등 가상의 세계 속에서 다루는 정보가 점점 민감하고 중요해지고 있습니다. 그래서 정보를 안전하게 주고받기 위한 방법을 찾기 위하여 모두가 노력하고 있어요.

핵심 키워드 ▶ #보안 #프로토콜 #암호 프로토콜

STEP 1

[수학교과역량] 추론능력, 문제해결능력, 창의·융합능력

코코네 학교는 전교회장 선거를 전자투표로 진행합니다. 코코는 자신이 누구를 투표했는지 친구들에게 알리고 싶지 않았습니다. 그래서 1과 자기 자신으로만 나누어떨어지는 수를 사용하여 투표 결과를 암호화하기로 하고, 20 이하의 수 중에서 1과 자기 자신으로만 나누어떨어지는 수를 찾았습니다.

2, 3, 5, 7, 11, 13, 17, 19

코코를 도와 20보다 크고 100보다 작은 수 중에서 1과 자기 자신으로만 나누어떨어지는 수를 5개 이상 나열해 보세요.

생각 쏙쏙 　소수(prime number)

소수라는 단어를 들었을 때, 어떤 수가 떠오르나요? 0.1, 0.2와 같이 소수점을 이용하여 일의 자리보다 작은 자리값을 나타낼 수 있는 수인 소수(decimal)가 떠오르나요? 그러나 또 다른 소수가 있습니다. 1과 자기 자신만으로 나누어떨어지는 자연수를 소수(prime number)라고 합니다. 소수는 셀 수 없이 많으며, 2를 제외한 모든 소수는 홀수입니다. 단, 1은 소수가 아닙니다.

STEP 2

다음은 4개의 수가 주어졌을 때, 암호를 구하는 [규칙]입니다.

> **·규칙·**
>
> 1. 다음의 네모 칸에 작은 수부터 크기순으로 4개의 수를 각각 하나씩 적는다.
>
> 2. 두 수를 곱하고, 곱한 값을 더한다.
>
>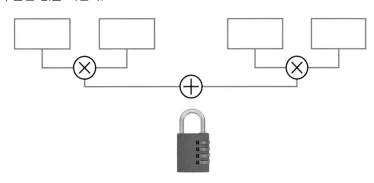
>
> 예를 들어 11, 13, 17, 19를 차례로 적을 때, 암호는 $(11 \times 13) + (17 \times 19) = 143 + 323 = 466$입니다.

STEP 1에서 찾은 수 중에서 4개를 골라 위의 규칙을 이용하여 만든 자물쇠의 암호는 무엇인지 구해 보세요. 또, 만약 1000보다 큰 값을 보고 암호가 되기 전 수를 찾아야 한다면 찾을 수 있을지 생각해 보고, 그 이유를 써 보세요.

....

....

....

....

내가 만든 암호: (   )

나의 생각과 이유: (   )

암호 프로토콜(Protocol)

프로토콜(Protocol)은 통신 시스템 사이에 데이터를 교환하는 과정에서 사용하는 약속입니다. 암호 프로 토콜은 암호화 방식을 어떻게 정할지에 대한 약속입니다. 보안에 대한 중요성이 커지며 암호 프로토콜에 대한 관심도 커지고 있습니다. 공정성, 정확성, 검증성, 인증성, 프라이버시 보장 등에 주의하며, 암호 프로토콜을 개발하고 네트워크 보안에 적용할 필요가 있습니다.

네트워크와 암호화

➤ 정답 및 해설 30쪽

📢 네트워크 세계에서 중요한 정보를 어떻게 하면 지킬 수 있을까요? 우리는 암호를 사용하여 정보를 안전하게 보호해야 해요.

핵심 키워드 #보안 #암호화 #암호키 #전치형 암호

STEP 1

[수학교과역량] 추론능력

다락방을 정리하던 퐁퐁이는 자물쇠로 잠긴 상자를 발견했습니다. 상자를 꼼꼼히 살펴보던 퐁퐁이는 쪽지 한 장이 상자에 붙어 있는 것을 찾아냈습니다. 상자에 붙어 있는 쪽지에는 'I WANT TO EAT APPLE!'이라고 적혀 있습니다.

힌트

1. 이 상자를 열고 싶으면 암호 16자리를 입력해야 해.
2. 'I LIKE YOU SO MUCH ♡!'라고 적혀 있으면 'IESC LYOH IOM♡ KUU!'라는 암호가 만들어져.

I	L	I	K
E	Y	O	U
S	O	M	U
C	H	♡	!

자물쇠를 열려면 어떤 암호를 입력해야 하는지 위의 [힌트]를 이용하여 구해 보세요.

A. IWAN TTOE ATAP PLE!   B. ITAP WTTL AOAE NEP!

C. PLE! ATAP TTOE IWAN   D. NEP! AOAE WTTL ITAP

[수학교과역량] 추론능력, 문제해결능력

풍풍이는 상자를 여는 것에 성공했는데 상자 안에는 작은 상자 하나와 쪽지 한 장이 더 들어 있었습니다. 상자에 들어있는 쪽지에는 5612 3742 2799 1248이라고 적혀 있습니다.

힌트

1. 이 상자를 열고 싶으면 우선 1차 암호를 구해야 해.
2. 1234 5678 2345 6789라고 적혀 있으면, 1차 암호는 1526 2637 3748 4859야.
3. 1차 암호를 이용해서 2차 암호를 구하면 2차 암호는 ←↘↑↗ ↑↗→↙ →↙↓↘ ↓↘↘×야.
4. 2차 암호가 최종 암호야. 이제 ←↘↑↗ ↑↗→↙ →↙↓↘ ↓↘↘×를 입력하면 자물쇠가 풀릴 거야.

1	2	3	4
5	6	7	8
2	3	4	5
6	7	8	9

1	2	3	4	5	6	7	8	9
←	↑	→	↓	↘	↗	↙	↘	×이동하지 않음

방향 자물쇠를 열기 위한 최종 암호는 무엇인지 위의 [힌트]를 이용하여 구해 보세요.

A. ↘→↑←↗↙↗↑ ←↓×↓ ↑↑×↘
B. ↘←↑ →↙↓↑↑↗×× ←↑↓↘
C. ↘→↑←↓×↓ ↗↙↗↑ ↑↑×↘
D. ↘←↑ ↑↗×× →↙↓↑ ←↑↓↘

5
단원

암호화(Encryption)

중요한 정보를 주고받을 때는 이 정보 속 비밀을 지킬 장치가 필요합니다. 그래서 정보를 암호문으로 변경시켜서 전송하는데 이것을 암호화(Encryption)라고 합니다. 정보를 암호문으로 바꿀 때 사용하는 장치를 암호키라고 부릅니다. 정보를 암호화하는 것은 데이터를 안전하게 보호하는 데 매우 중요하며, 특히 요즘과 같은 정보화 사회에서 데이터 암호화는 그 가치가 더욱 높아지고 있습니다.

07 네트워크와 복호화

➤ 정답 및 해설 31쪽

📢 정체불명의 암호의 원래 모습이 궁금한 적 없었나요? 암호가 어떤 방식으로 만들어졌는지 알면 그 암호를 원래 모습으로 되돌릴 수 있어요.

핵심 키워드 #암호 #복호화 #복호화키

STEP 1

[수학교과역량] 추론능력

코코는 여행을 떠나며 퐁퐁이에게 집안에 있는 식물을 돌봐 달라는 부탁을 했습니다. 그러면서 퐁퐁이에게 다음과 같은 쪽지를 남겼습니다.

퐁퐁아! 우리 집 문을 여는 방법이야.
표에서 ○표가 되어 있는 부분을 그림에서 색칠하면 돼.
이 방법으로 만든 숫자를 차례로 키패드에 누르면 문이 열려.

	첫 번째 수	두 번째 수	세 번째 수
가	○		○
나		○	○
다	○		
라		○	○
마		○	
바	○	○	○
사		○	○

코코네 집으로 들어갈 수 있는 비밀번호를 색칠해 보세요.

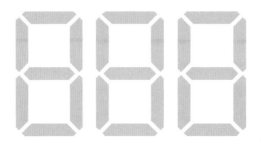

STEP 2

[수학교과역량] **추론능력, 문제해결능력**

문을 여는 데 성공한 퐁퐁이는 기분 좋게 화분에 물을 주고 있었습니다. 그때 코코에게 문자 메시지가 왔습니다.

퐁퐁아! 내 방에 중요한 문서를 놓고 왔어. 그 안의 적힌 내용이 지금 당장 필요해! 방 문을 열고 들어가서 문서를 찾아봐 줄 수 있니? 방문을 여는 방법을 알려줄게. **STEP 1**의 방법으로 표에서 찾은 숫자들을 작은 수에서 큰 수의 순서대로 눌러봐~

가		○	○	
나	○	○		○
다	○	○	○	
라	○	○	○	○
마		○	○	○
바	○	○		○
사		○	○	○

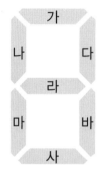

코코의 방으로 들어갈 수 있는 비밀번호를 색칠해 보세요.

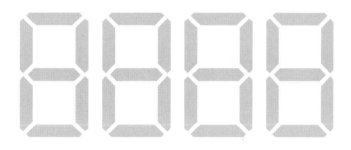

 **복호화(Decryption)와 복호화 키**

암호화(Encryption)는 정보의 원래 형태를 알아볼 수 없게 만듭니다. 암호화된 형태를 원래 형태로 되돌리는 것을 복호화(Decryption)라고 합니다. 복호화는 암호화의 반대라고 생각하면 이해하기 쉽습니다. 잠겨 있는 문을 열려면 무엇이 필요할까요? 키(key, 열쇠)가 필요합니다. 복호화를 위해서는 암호를 해독할 수 있는 키가 필요한데 이것을 복호화 키라고 부릅니다.

08 네트워크과 암호시스템

➤ 정답 및 해설 31쪽

📢 여러 사람이 동일한 암호화 방법을 공유하고 있는데 그 암호화 방법을 누군가가 훔쳐간다면 문제가 생길 수 있겠죠? 그래서 암호화와 복호화에 사용하는 방법을 서로 달리하기도 해요.

핵심 키워드 #보안 #암호시스템 #대칭키 #비대칭키

STEP 1

[수학교과역량] **추론능력**

다락방을 정리하던 퐁퐁이는 자물쇠로 잠긴 큰 상자를 발견했습니다. 큰 상자를 살펴보던 퐁퐁이는 큰 상자에 붙어있는 힌트가 적힌 종이 1장을 찾아냈습니다.

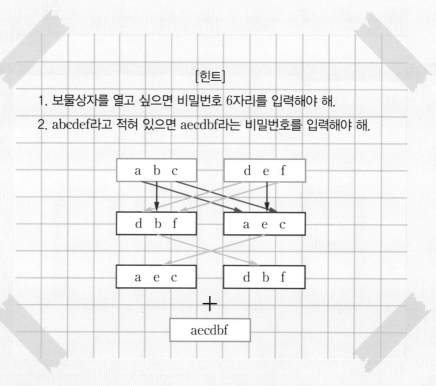

[힌트]

1. 보물상자를 열고 싶으면 비밀번호 6자리를 입력해야 해.
2. abcdef라고 적혀 있으면 aecdbf라는 비밀번호를 입력해야 해.

a b c   d e f

d b f   a e c

a e c   d b f

+

aecdbf

큰 상자에는 152387이라고 크게 적혀 있을 때, 자물쇠를 열려면 어떤 비밀번호를 입력해야 하는지 [힌트]를 이용하여 구해 보세요.

STEP 2

풍풍이는 큰 상자를 여는 데 성공했습니다. 큰 상자 안에는 비밀번호가 적힌 작은 금고와 쪽지 한 장이 들어 있었습니다.

이번에는 금고 겉면에
비밀번호를 그냥 적어
두었어. 금고의 겉면에
적힌 번호를 그냥 누르면
금고가 열릴거야.

금고의 겉면에 적혀 있는 비밀번호를 **STEP 1**의 큰 상자에 붙어 있던 힌트에 대입하면, 369284가 나옵니다. 이때 금고 겉면에 적혀 있는 비밀번호를 구해 보세요.

....

....

....

....

....

....

....

 **대칭키&비대칭키 암호시스템**

암호시스템은 크게 두 가지 종류로 나누어집니다. 암호키와 복호화 키가 모두 같은 경우의 대칭키 암호시스템과 암호키와 복호화 키가 서로 다른 경우의 비대칭키 암호시스템으로 나누어집니다. 비대칭키 암호시스템이 좀 더 안전하게 자료를 보관할 수 있어 보이지만, 대칭키에 비해 속도가 좀 더 느릴 수 있습니다. 따라서 이 두 가지 시스템을 적절히 섞어 안전한 암호시스템을 만듭니다.

도전! 코딩

엔트리(entry) 나만의 자물쇠 만들기

(이미지 출처: 엔트리 (https://playentry.org))

엔트리는 네이버 커넥트 재단에서 만들어 무료로 배포한 블록코딩 사이트입니다. 엔트리에서는 블록코딩을 통하여 다양한 작품을 직접 만들고, 다른 사람들과 공유하는 것이 가능합니다. 또한, 엔트리에서는 이 과정에서 스스로의 재능 발견, 인공지능과의 만남, 데이터 분석 등 다양한 경험을 할 수 있다고 소개하고 있습니다.

이번 단원에서 우리는 암호에 대해 여러 방향에서 학습을 하였습니다. 지금부터는 코딩으로 나만의 자물쇠를 직접 만들어 보겠습니다. 자물쇠 속 비밀번호를 만들 문제와 자물쇠 구성을 생각해 보세요.

그럼, 암호의 세계로 떠나볼까요?

WHAT?

➜ 직접 비밀번호를 설계하고, 자물쇠를 만들어 봅니다. 자물쇠의 비밀번호는 내가 만든 문제의 답입니다.

HOW?

➜ 우선 미션 모드에서 엔트리의 기본 사용법을 익혀 봅시다.

QR을 찍어 사이트에 접속하면, 미션을 수행하며 엔트리의 기본 사용법을 배울 수 있습니다.

난이도	쉬움	보통	어려움
QR			

➜ 엔트리의 기본 사용법을 모두 익혔나요? 지금부터 본격적으로 나만의 자물쇠 만들기에 들어가겠습니다.

1. [작품 만들기]로 들어가면 아래와 같은 첫 화면을 만날 수 있습니다.

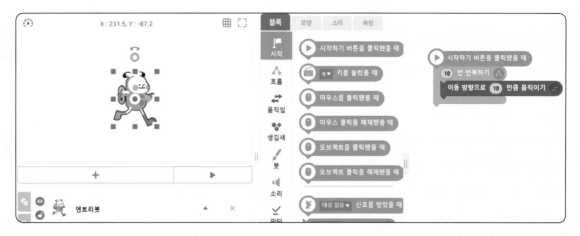

2. [모양] 탭으로 들어가서 [모양 추가하기] 버튼을 누르세요.

3. 오른쪽 상단을 보면, 검색창이 있습니다. 검색창에서 '자물쇠'를 검색합니다.

4. 자물쇠 2개를 선택한 뒤 [추가] 버튼을 누르세요.

5. 다시 [모양] 탭으로 돌아가, 사용하려는 모양을 클릭하세요.

6. [속성] 탭으로 이동하겠습니다. 속성 탭에서 [변수]를 클릭하세요.

7. 이제 변수를 추가하겠습니다. 변수 이름에 '비밀번호'라 적고, 확인 버튼을 누르세요.

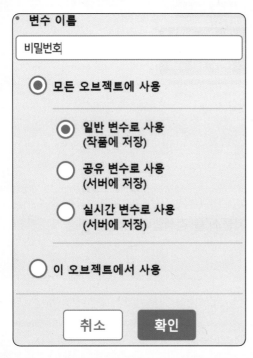

8. 소리 탭으로 이동하겠습니다. 소리 탭에서 [소리 추가하기]를 누르세요. 그리고 비밀번호를 푸는데 성공했을 때와 실패했을 때 나는 소리를 고른 뒤 추가하세요.

9. [블록]으로 돌아가서 자물쇠를 풀 문제를 만들어 보세요.

   예를 들어, "20보다 크고 30보다 작은 소수의 합은? (단, 소수는 1과 자기 자신만으로 나누어 떨어지는 수이다.)"와 같은 문제를 만들 수 있습니다.

10. 이제 다양한 블록들을 사용하여 아래와 같이 블록코딩을 해 보세요. 녹색은 '시작', 분홍색은 '자료', 하늘색은 '흐름', 풀색은 '소리', 빨강색은 '생김새'에서 찾을 수 있습니다.

```
▶ 시작하기 버튼을 클릭했을 때
  대답  숨기기 ▼  ?
  비밀번호 ▼  를  52  (으)로 정하기  ?
  변수  비밀번호 ▼  숨기기  ?
  계속 반복하기 ⌃
    20보다 크고 30보다 작은 소수의 합은? (소수는 1과 자기자신만으로 나누어지는 수)  을(를) 묻고 대답 기다리기  ?
    만일  대답  =  52  (이)라면 ⌃
      소리  가장 큰 탐탐 ▼   2  초 재생하기 ◀
      자물쇠_닫힘 ▼   모양으로 바꾸기 ♥
      도전 성공!  을(를)  2  초 동안  말하기 ▼ ♥
      자물쇠_열림 ▼   모양으로 바꾸기 ♥
      반복 중단하기 ⌃
    아니면
      소리  전자신호음3 ▼   1  초 재생하기 ◀
      다시 도전하세요  을(를)  2  초 동안  말하기 ▼ ♥
```

tip 게임을 더 정교하게 만들고 싶나요? 문제를 다양하게 만들어 보기, 모양을 바꿔보기, 모양에 움직임을 주기, 소리를 다양하게 바꾸기, 뒷배경을 추가하기, 오답 시 다양한 효과를 넣기 등의 방법을 생각해 볼 수 있습니다.

DO IT!

➡ 사이트에 접속하여 직접 코딩을 해 봅시다.

▲ 직접 코딩 해 보기

*코딩 후엔 꼭 실행해 보세요.(단, 휴대폰 화면에는 모든 화면이 들어오지 않을 수 있으므로 정상 실행을 위해서는 탭이나 컴퓨터를 이용해 주세요.)

➤ 정답 및 해설 32쪽

〈5단원-네트워크를 지켜줘〉를 학습하며 배운 개념들을 정리해 보는 시간입니다.

1 용어에 알맞은 설명을 선으로 연결해 보세요.

암호화 •   • 컴퓨터 사이에 데이터를 주고받을 수 있는 통신망

복호화 •   • 정보를 암호문으로 변경시켜서 전송하는 것

네트워크 •   • 여러 네트워크를 연결해 주는 장치

라우터 •   • 암호화된 형태를 원래 형태로 되돌리는 것

프로토콜 •   • 통신 시스템 사이에 데이터를 교환하는 과정에서 사용하는 약속

2 이번 단원을 배우며, 네트워크와 관련하여 내가 알고 있던 것, 새롭게 알게 된 것, 더 알고 싶은 것을 정리해 보세요.

(1) 내가 네트워크에 대해 알고 있던 것	
(2) 내가 네트워크에 대해 새롭게 알게 된 것	
(3) 내가 네트워크에 대해 더 알고 싶은 것	

인원	인원: 3인 이상	소요시간	10분

방법

❶ 순서를 정합니다. 순서대로 동그랗게 원을 그려 앉습니다.

❷ 인원수 곱하기 2만큼의 숫자를 종이에 차례대로 적습니다.

　📄 3인이면 1부터 6까지 숫자를 적습니다.

❸ 숫자가 적힌 종이를 섞어서 뒤집어 놓습니다.

❹ 양 손에 숫자가 적힌 종이를 각각 한 장씩 쥡니다.(이 종이는 네트워크 순서를 뜻합니다.)

❺ 한 턴에 모두가 숫자 카드를 한 장씩 시계방향으로 옆사람에게 전달해야 합니다.

❻ 협력하여 손에 적힌 숫자가 가장 작은 수에서부터 큰 수까지 순서대로 배열되어 있으면 게임이 끝납니다.(단. 수 배열은 시계방향, 시계 반대방향 모두 가능합니다.)

•게임 예시•

1. 3명의 학생이 1~6까지의 숫자 카드를 랜덤으로 나눠가진 상태입니다.

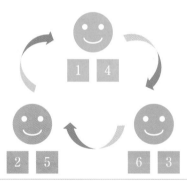

2. 파란 어린이가 초록 어린이에게 4번 카드 전달, 초록 어린이가 노란 어린이에게 6번 카드 전달, 노란 어린이가 파란 어린이에게 2번 카드를 전달합니다.

3. 1~6까지의 숫자 카드가 순서대로 정렬되면 게임이 종료됩니다.

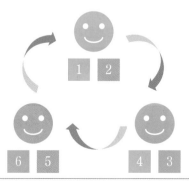

🔵 게임을 최대한 빠르게 끝내기 위해서는 어떻게 해야 할까요? 그 방법은 팀원들과 협력하여 의견을 나누며, 카드를 이동시키는 것입니다.

5 단원

개인정보 보호 개인정보 특공대

개인정보
생존하는 개인에 관한 정보로서 성명·주민 등록 번호 등에 의하여 개인을 식별할 수 있는 정보

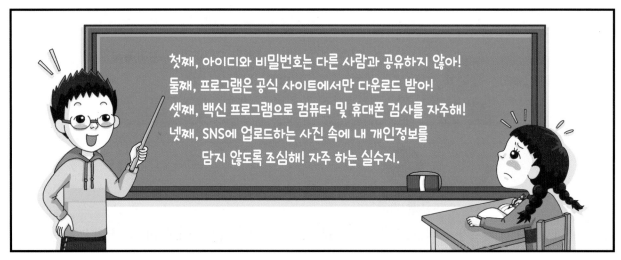

※ QR을 인식할 때는 카메라를 크게 확대해 주세요.

코딩 · SW · AI 이해에 꼭 필요한

초등 코딩
Coding
사고력 수학

영재교육 전문가에게 쉽고 재미있게 코딩 원리 배우기

3단계

SD에듀가 준비한
특별한 학생을 위한
최상의 학습
시리즈

안쌤의 사고력 수학 퍼즐 시리즈

①
- 14가지 교구를 활용한 퍼즐 형태의 신개념 학습서
- 집중력, 두뇌 회전력, 수학 사고력 동시 향상

안쌤의 STEAM + 창의사고력
수학 100제, 과학 100제 시리즈

②
- 영재교육원 기출문제
- 창의사고력 실력다지기 100제
- 초등 1~6학년

안쌤과 함께하는
영재교육원 면접 특강

⑧
- 영재교육원 면접의 이해와 전략
- 각 분야별 면접 문항
- 영재교육 전문가들의 연습문제

스스로 평가하고 준비하는! 대학부설·교육청
영재교육원 봉투모의고사 시리즈

⑦
- 영재교육원 집중 대비 · 실전 모의고사 3회분
- 면접 가이드 수록
- 초등 3~6학년, 중등

코딩·SW·AI 이해에 꼭 필요한

초등코딩
Coding
사고력수학

영재교육 전문가에게 쉽고 재미있게 코딩 원리 배우기

3단계
초등 5~6학년

정답 및 해설

시대교육(주)

이 책의 차례

수학이 쑥쑥! 코딩이 척척! **초등코딩 수학 사고력 3단계**

초등 5~6

정답 및 해설

1 컴퓨터의 세계

01 컴퓨터를 살펴봐요
컴퓨터와 장치

STEP 1

정답

- 계산을 하는 일
- 작업물을 기억하는 일
- 데이터를 처리하는 일
- 각종 장치를 조정하는 일
- 기계 장치들에 명령을 내리는 일

해설

인간의 뇌가 하는 일을 바탕으로 CPU가 하는 일을 3가지 이상 추측해야 합니다.

인간의 뇌가 하는 일은 다음과 같습니다.

- 기억하는 일
- 움직임을 돌보는 일
- 몸을 통제하고 제어하는 일
- 몸의 여러 기관에 명령을 내리는 일

이를 바탕으로 CPU가 하는 일을 추측해 보면 다음과 같습니다.

- 계산을 하는 일
- 작업물을 기억하는 일
- 데이터를 처리하는 일
- 각종 장치를 조정하는 일
- 기계 장치들에 명령을 내리는 일

STEP 2

정답

- 생각만 하면 자동으로 계산을 해 주는 장치가 등장할 것 같다.
- 문제를 스캔하면 계산이 자동으로 이루어지는 카메라가 등장할 것 같다.

- 개인 비서 로봇이 계산을 대신 해 주게 될 것 같다.

해설

주판이 계산기로 바뀌는 과정을 바탕으로 물건의 발전 방향을 생각해 보는 문제입니다. 계산을 목적으로 하는 물건들의 발전 과정을 파악하여, 미래에 어떤 주체가 계산 기능을 어떤 방식으로 수행할 것인지 상상하여 생각나는 대로 자유롭게 적으면 됩니다.

02 컴퓨터의 부품
하드웨어와 CPU

STEP 1

정답

㉠ 마우스, 마이크, 웹캠, 키보드, 펜 태블릿, 스캐너
㉡ 프린터, 스피커, 모니터, 빔 프로젝터
㉢ 터치가 가능한 모니터, 스마트 패드, 헤드셋 등

해설

입력 장치와 출력 장치를 구분하고, 입력과 출력이 동시에 되는 장치를 찾아 보아야 합니다.

정답 이외에도 입력과 출력이 동시에 되는 다양한 장치가 있을 수 있습니다.

STEP 2

정답

A+C	2 시간
A+B+C	1 시간

풀이

음악 편집 작업의 전체 일의 양을 1이라고 하면, 연산 장치 A는 1시간에 전체 일의 양의 $\frac{1}{3}$만큼, 연산 장치 B는 1시간에 전체 일의 양의 $\frac{1}{2}$만큼, 연산 장치 C는 1시간에 전체 일의 양의 $\frac{1}{6}$만큼의 작업을 할 수 있습니다.

연산 장치 A와 C만을 이용하면 1시간에 할 수 있는 일의 양은 전체 일의 양의 $\frac{1}{3}+\frac{1}{6}=\frac{3}{6}=\frac{1}{2}$이므로 음악 편집 작업을 모두 끝마치는 데 걸리는 시간은 2시간입니다.

연산 장치 A, B, C를 모두 이용하면 1시간에 할 수 있는 일의 양은 전체 일의 양의 $\frac{1}{3}+\frac{1}{2}+\frac{1}{6}=1$이므로 음악 편집 작업을 모두 끝마치는 데 걸리는 시간은 1시간입니다.

03 컴퓨터처럼 수를 세요
컴퓨터의 언어와 2진수

STEP 1

정답

- 2진수가 한 자리씩 커질 때마다 자릿값은 2배가 됩니다.
- 2진수의 자릿값은 첫째 자리를 제외하고 모두 2의 배수입니다.
- 2진수의 아홉째 자리의 수가 1일 때, 이 자릿값을 10진수로 나타내면 256일 것입니다.

해설

2진수 수 체계의 성질을 파악해 보는 문제입니다. 2진수의 자릿값을 10진수로 나타낸 값에서 다양한 규칙을 찾아 보고, 10진수 수 체계와 비교하여 어떤 점이 다른지 알아볼 수 있습니다.

STEP 2-1

정답

2진수	10진수
1010	10
11011	27

풀이

- 2진수 1010은 $1\times8+0\times4+1\times2+0\times1$로 10진수 10을 구할 수 있습니다.
- 2진수 11011은 $1\times16+1\times8+0\times4+1\times2+1\times1$로 10진수 27을 구할 수 있습니다.

STEP 2-2

정답

BINARY

풀이

주어진 수를 2진수로 바꾼 뒤, 숫자 0이 있는 자리의 알파벳을 찾아 순서대로 나열하면 자물쇠의 비밀문자를 찾을 수 있습니다.

23은 $1\times16+0\times8+1\times4+1\times2+1\times1$이므로 10111,
28은 $1\times16+1\times8+1\times4+0\times2+0\times1$이므로 11100,
29는 $1\times16+1\times8+1\times4+0\times2+1\times1$이므로 11101,
27은 $1\times16+1\times8+0\times4+1\times2+1\times1$이므로 11011,
30은 $1\times16+1\times8+1\times4+1\times2+0\times1$이므로 11110
으로 바꿀 수 있습니다.

이를 쪽지에 적힌 알파벳과 함께 표로 나타내면 다음과 같습니다.

23	1	0	1	1	1
	C	B	D	F	G
28	1	1	1	0	0
	P	U	E	I	N
29	1	1	1	0	1
	S	L	X	A	H
27	1	1	0	1	1
	N	M	R	Z	K
30	1	1	1	1	0
	O	I	E	V	Y

따라서 숫자 0이 있는 자리의 알파벳을 찾아 순서대로 나열하면 BINARY라는 단어를 구할 수 있습니다.
즉, 자물쇠의 비밀문자는 BINARY입니다.

04 컴퓨터처럼 표현해요
비트와 영어 문자

STEP 1

정답

16가지

풀이

가장 작은 직사각형 1개를 1비트로 생각할 때, 4비트를 모두 사용한다는 것은 4개의 직사각형을 모두 사용한다는 것과 같습니다.

따라서 4개의 가장 작은 직사각형 한 칸에 1과 0을 각각 한 개씩 써넣을 때 만들 수 있는 서로 다른 모든 경우의 수를 구하는 문제입니다.

가장 작은 직사각형 한 칸은 1 또는 0을 써넣는 2가지 경우의 수가 나올 수 있습니다.

직사각형 네 칸에 1 또는 0으로 써넣는 서로 다른 모든 경우의 수는 $2 \times 2 \times 2 \times 2 = 16$으로 구할 수 있습니다.

따라서 서로 다른 모든 경우는 총 16가지입니다.

> 다른 풀이
>
> 자리수가 적을 경우에는 모든 경우를 직접 나열하여 구할 수 있습니다.
>
> 0000, 0001, 0010, 0100, 1000, 0011, 0101, 0110, 1001, 1010, 1100, 0111, 1011, 1101, 1110, 1111의 16가지입니다.

STEP 2

정답

256가지

풀이

가장 작은 직사각형 1개를 1비트로 생각할 때, 8비트를 모두 사용한다는 것은 8개의 가장 작은 직사각형을 모두 사용한다는 것과 같습니다.

따라서 8개의 가장 작은 직사각형 한 칸에 1과 0을 각각 한 개씩 써넣을 때 만들 수 있는 서로 다른 모든 경우의 수를 구하는 문제입니다.

가장 작은 직사각형 한 칸은 1 또는 0을 써넣는 2가지 경우의 수가 나올 수 있습니다.

직사각형 여덟 칸에 1 또는 0으로 써넣는 서로 다른 모든 경우의 수는 $2 \times 2 \times 2 \times 2 \times 2 \times 2 \times 2 \times 2 = 256$으로 구할 수 있습니다.

따라서 서로 다른 모든 경우는 총 256가지입니다.

05 컴퓨터처럼 표현해요
비트와 한글 문자

STEP 1

정답

11172가지

풀이

한글은 초성, 중성, 종성의 조합으로 글자가 구성됩니다.

초성에 사용할 수 있는 글자의 수는 19개, 중성에 사용할 수 있는 글자의 수는 21개, 종성에 사용할 수 있는 글자의 수는 27개입니다.

한글 문자는 크게 2가지 경우로 나눌 수 있습니다.

(초성+중성)의 경우와 (초성+중성+종성)의 경우입니다.

(초성+중성)의 경우는 $19 \times 21 = 399$이므로 399가지를 만들 수 있습니다.

(초정+중성+종성)의 경우는 $19 \times 21 \times 27 = 10773$이므로 10773가지를 만들 수 있습니다.

따라서 한글 문자는 모두 399+10773, 즉 11172가지를 민들 수 있습니다.

STEP 2

정답

2바이트(byte)

풀이

11172가지를 모두 표현할 수 있는 문자 체제를 찾는 문제입니다.

1비트, 즉 작은 직사각형 한 칸을 채우는 경우의 수는

2가지입니다.

2비트, 즉 작은 직사각형 두 칸을 채우는 경우의 수는 00, 01, 10, 11의 4가지입니다.

마찬가지 방법으로 하면

3비트, 즉 작은 직사각형 세 칸을 채우는 경우의 수는 8가지입니다.

4비트, 즉 작은 직사각형 네 칸을 채우는 경우의 수는 16가지입니다.

5비트, 즉 작은 직사각형 다섯 칸을 채우는 경우의 수는 32가지입니다.

6비트, 즉 작은 직사각형 여섯 칸을 채우는 경우의 수는 64가지입니다.

7비트, 즉 작은 직사각형 일곱 칸을 채우는 경우의 수는 128가지입니다.

8비트, 즉 작은 직사각형 여덟 칸을 채우는 경우의 수는 256가지입니다.

따라서 8비트 체제에서는 11172가지에 달하는 한글 문자를 모두 나타낼 수 없습니다. 즉, 한글 문자는 1바이트(byte)를 초과합니다.

이때, 1바이트(byte)=8비트(bit)이므로 2바이트(byte)=16비트(bit)입니다.

2바이트(16비트), 즉 작은 직사각형 열 여섯 칸을 채우는 경우의 수는 65536가지입니다.

$(2\times2\times2\times2\times2\times2\times2\times2\times2\times2\times2\times2\times2\times2\times2\times2=65536)$

따라서 2바이트(byte) 문자 체제를 사용할 경우 한글 문자 11172가지의 모든 경우를 나타낼 수 있습니다.

즉, 한글 문자는 2바이트(byte) 체제를 사용해야 합니다.

06 차곡차곡 저장해요 데이터 단위와 수학

STEP 1

정답

구분	A	B	C
저장할 수 있는 최대 영화 수	111편	227편	455편

풀이

영화의 용량이 4.5GB이므로 저장할 수 있는 영화의 수를 다음과 같이 구할 수 있습니다.

A는 500÷4.5=111.111…이므로 111편을 저장할 수 있습니다.

B는 1TB는 1024GB이므로

1024÷4.5=227.555…입니다. 즉, 227편을 저장할 수 있습니다.

C는 2TB, 즉 1024GB×2=2048GB이므로

2048÷4.5=455.111…입니다. 즉, 455편을 저장할 수 있습니다.

STEP 2

정답

953.5GB

풀이

1MB=1024KB, 1GB=1024MB, 1TB=1024GB 이므로 파일의 용량을 GB로 바꿔줍니다.

사진의 용량은 512KB×1024=512MB=0.5GB입니다.

영화의 용량은 4.5GB×15=67.5GB입니다.

음악의 용량은 8MB×320=2560MB=2.5GB입니다.

이때 차지하는 모든 파일의 용량은 총

0.5GB+67.5GB+2.5GB=70.5GB입니다.

즉, 파일을 저장하고 남은 외장하드 B의 용량은

1024GB-70.5GB=953.5GB입니다.

따라서 파일을 저장하고 남은 외장하드 B의 용량은 953.5GB입니다.

07 컴퓨터처럼 표현해요 문자 처리하기

STEP 1

정답

42바이트(byte) 또는 47바이트(byte)

풀이

메시지에서 삭제할 수 있는 단어에 줄을 그으면 다음과 같습니다.

> 바람 불어도 괜찮아요
> 괜찮아요■괜찮아요
> 쌩쌩■불어도■괜찮아요
> 나는■나는■괜찮아요

즉, 총 21개 한글 문자가 삭제되므로
$2 \times 21 = 42$바이트(byte)의 용량이 줄어듭니다.
만약, 삭제되는 단어의 앞 뒤 빈 칸까지 줄어든다고 생각할 경우, 한글 문자가 줄어드는 용량에 빈 칸이 줄어드는 용량을 더해 주면 됩니다.
한글 문자는 $2 \times 21 = 42$바이트(byte),
빈 칸은 $1 \times 5 = 5$바이트(byte)
줄어드므로 총 47바이트(byte)가 줄어듭니다.
따라서 줄어드는 문자 메시지의 용량은 42바이트(byte) 또는 47바이트(byte)입니다.

STEP 2

정답

49바이트(byte)

풀이

중복되는 부분을 표시한 뒤, 간식은 #, 필요해는 !, 고구마는 %, 음료수는 *를 사용하여 바꿉니다.

중복되는 부분
나 간식 필요해
간식 사다 줘
고구마 필요해
음료수 필요해
고구마 그리고 음료수 다 필요해
고마워 간식 같이 먹어

⬇

중복되는 부분 기호로 바꾸기
나 # !
사다 줘
% !
* !
% 그리고 * 다 !
고마워 # 같이 먹어

원래 문자 메시지는 한글 문자 45개와 빈칸 13개로 이루어져 있었으므로
$45 \times 2 + 1 \times 13 = 90 + 13 = 103$바이트(byte)
입니다. 기호로 바꾼 뒤 문자 메시지는 한글 문자 15개, 기호 11개, 빈칸 13개로 이루어져 있으므로
$15 \times 2 + 1 \times 11 + 1 \times 13 = 30 + 11 + 13 = 54$바이트(byte)입니다.
따라서 줄어든 용량은 $103 - 54 = 49$바이트(byte)입니다.

08 사진을 줄여요 화소와 이미지 압축

STEP 1

정답

㉠: wwbw

㉡: bwww

㉢: wbwb wwbw b bwww (띄어쓰기 무관)

해설

[규칙]에 따라 ㉠은 wwbw, ㉡은 bwww입니다.

㉢은 [규칙 2]의 순서 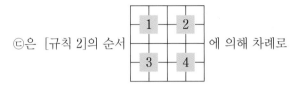 에 의해 차례로

나열하면 wbwb wwbw b bwww입니다.

STEP 2

정답

w wbwb wbwb wbwb wwwb w wbbb wwwb
wbwb b wbww bbwb b bbbw bbbw bwww
(띄어쓰기 무관)

해설

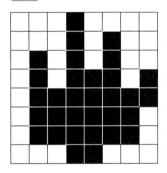

을 4×4 픽셀 4개로 나누면 다음과 같습니다.

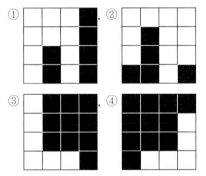

①, ②, ③, ④를 하나씩 **STEP 1**의 규칙에 의해 나타
내면 다음과 같습니다.

①: w wbwb wbwb wbwb

②: wwwb w wbbb wwwb

③: wbwb b wbww bbwb

④: b bbbw bbbw bwww

따라서 주어진 8×8 픽셀을 압축하면

w wbwb wbwb wbwb wwwb w wbbb wwwb

wbwb b wbww bbwb b bbbw bbbw bwww

입니다. (띄어쓰기 무관)

---

09 컴퓨터처럼 수를 세요 비트와 그림

STEP 1

정답

STEP 2

정답

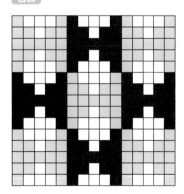

10 서로 다르게 색칠해요
4색정리와 수학

STEP 1

정답

(예시)

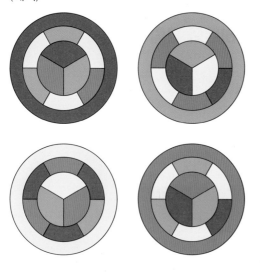

해설

예시답안 이외에도 4가지 이하의 색을 이용하여 서로 맞닿은 부분을 다른 색으로 색칠했으면 정답입니다.

STEP 2

정답

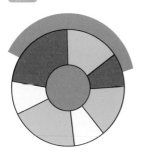

해설

각 나라에 해당하는 색이 인접한 부분에 어떤 색과 맞닿아 있는지 확인합니다. 이 관계를 확인하여 도식화한 그림에서 각나라의 위치를 찾으면 해결할 수 있습니다.

정리 시간

1.

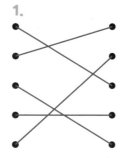

2.

컴퓨터 하드웨어에는 입력 장치와 출력 장치가 있다. 입력 장치는 컴퓨터에 데이터를 입력하기 위한 장치이고, 출력 장치는 컴퓨터가 디지털 신호를 사람이 이해할 수 있는 소리, 글자, 이미지 등으로 출력하는 장치이다. 컴퓨터가 가지는 가장 작은 정보 단위는 1비트로, 1비트는 1과 0으로 나타낼 수 있는 가장 작은 크기이다. 1과 0의 두 개의 숫자로 이루어진 수 체계를 2진수라고 한다. 한편 컴퓨터는 사진과 같은 이미지를 전송할 수도 있는데, 이미지는 화면을 채우고 있는 가장 작은 단위의 점인 화소로 이루어져 있다.

② 규칙대로 척척

01 규칙 발견하기
규칙과 추상화

STEP 1

정답

- 촉감이 부드럽다.
- 천으로 만들어졌다.
- 집 안에서 사용한다.
- 주로 침대 위에서 사용한다.
- 만들 때 바느질이 필요하다.
- 재봉틀을 사용해 제작이 가능하다.

해설

세 가지 그림들을 보고 공통으로 가지고 있는 특징을 찾아 추상화하는 문제입니다.

재질을 기준으로 했을 때, '촉감이 부드럽다', '천으로 만들어졌다' 등이 나올 수 있습니다.

사용 장소를 기준으로 했을 때, '집 안에서 사용한다', '주로 침대 위에서 사용한다' 등이 나올 수 있습니다.

제작 방법을 기준으로 했을 때 '만들 때 바느질이 필요하다', '재봉틀을 사용해 제작이 가능하다' 등이 나올 수 있습니다.

이외에도 다양한 공통된 특징을 찾을 수 있습니다.

STEP 2

정답

- 용기에 내용물을 넣고, 가열한다.
- 용기에 재료를 넣고, 열을 가한다.

해설

4가지 이용법 사이에서 공통된 규칙을 찾아 추상화하는 문제입니다.

제시된 이용법의 문장들의 앞부분에는 용기에 음식 재료를 넣는다는 것과 뒷부분에는 열을 가한다는 것이 공통된 점입니다.

02 규칙에 따라 분류하기
규칙과 입체도형

STEP 1

정답

[공통된 속성]

- 밑면이 서로 평행하다.
- 기둥처럼 서 있는 입체도형이다.
- 밑면이 다각형으로 이루어져 있다.

[도형의 이름]

- 각기둥
- 평행기둥
- 다각기둥

해설

제시된 도형들이 공통적으로 가지고 있는 속성을 찾아보고, 이를 바탕으로 도형들을 모두 포함하여 부를 수 있는 도형의 이름을 지어 봅니다. 이 과정이 추상화 과정입니다.

STEP 2

정답

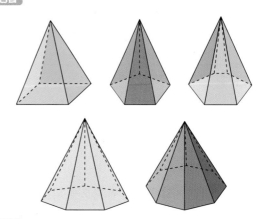

해설

규칙을 모두 만족하는 입체도형은 각뿔입니다.

[규칙 4]에 따라 밑면의 변의 수가 4개 이상인 각뿔을 그려야 합니다.

따라서 사각뿔, 오각뿔, 육각뿔, 칠각뿔, 팔각뿔 등을 그릴 수 있습니다.

03 규칙따라 척척 규칙과 스택

STEP 1

해설

I

해설

가장 위에 놓여진 정사각형부터 거꾸로 순서대로 나열하면 됩니다.

E와 F 중 어느 것이 나중에 놓여졌는지 구분할 수 없으므로 다음 표에서 동시에 1번에 적습니다.

거꾸로 순서	정사각형	
1	E	F
2	G	
3	A	↓
4	B	
5	C	
6	H	D
7	I	

정사각형이 놓여진 순서를 거꾸로 나열하면 위의 표와 같습니다.

따라서 가장 처음에 놓여진 정사각형은 I입니다.

STEP 2

정답

첫 번째, 아홉 번째

해설

마지막에 들어간 자료부터 먼저 나오게 되는 스택 구조의 특성을 활용한 문제입니다.

각 보관함으로 이동하는 종이컵의 상태를 (순서, 색상)으로 나타내면 다음과 같습니다.

1번 보관함	2번 보관함	3번 보관함
		(11, 남색)
	(4, 초록색)	(10, 보라색)
	(3, 남색)	(9, 노랑색)
(8, 보라색)	(2, 보라색)	(6, 초록색)
(7, 남색)	(1, 노랑색)	(5, 빨강색)

따라서 노랑색 종이컵은 첫 번째와 아홉 번째에 움직이게 됩니다.

04 규칙따라 척척 규칙과 요리

STEP 1

정답

A. 딸기 넣기

해설

(A, B)일 때, A 다음에는 B를 실행한다는 요리 규칙에 따라 문제를 해결해야 합니다.

명령을 순서대로 나열하면 다음과 같습니다.

(딸기 씻기, 소스 붓기); (소스 붓기, 딸기 넣기);
(딸기 넣기, 얼음 넣기); (얼음 넣기, 믹서기 돌리기)

즉, '딸기 씻기 → 소스 붓기 → 딸기 넣기 → 얼음 넣기 → 믹서기 돌리기'의 순서로 딸기쥬스를 만들게 됩니다.

따라서 세 번째로 해야 하는 일은 'A. 딸기 넣기' 입니다.

STEP 2

정답

샌드위치 4층	동그라미 모양 빵
샌드위치 3층	마요네즈케첩
샌드위치 2층	상추
샌드위치 1층	네모 모양 빵

해설

put(A, B)일 때, A 다음의 순서로 B가 온다는 규칙을 이용하여 해결해야 합니다. 주의할 점은 '마요네즈케찹'을 명령에 넣기 위해서는 mix(마요네즈, 케찹)이 먼저 나와야 합니다.

문제에 주어진 명령인 put(마요네즈케찹, 동그라미 모양 빵), mix(마요네즈, 케찹), put(상추, 마요네즈케찹), put(네모 모양 빵, 상추)를 순서대로 나열하면 다음와 같습니다.

put(네모 모양 빵, 상추); mix(마요네즈, 케찹); put(상추, 마요네즈케찹); put(마요네즈케찹, 동그라미 모양 빵)

또는 mix(마요네즈, 케찹); put(네모 모양 빵, 상추); put(상추, 마요네즈케찹); put(마요네즈케찹, 동그라미 모양 빵)

샌드위치는 아래에서부터 재료를 쌓아나가는 구조이기 때문에 '네모 모양 빵 → 상추 → 마요네즈케찹 → 동그라미 모양 빵'의 모양으로 만들어집니다.

05 규칙따라 쏙쏙 규칙과 길 찾기

STEP 1

정답

□=4, ○=3

풀이

세로축 좌표값에서 ↑는 −, ↓는 +, 가로축 좌표값에서 ←는 −, →는 +에 해당한다는 것을 찾아 위치를 계산하면 됩니다.

우선 [규칙 1]에 의해 택시의 출발 위치는 (5, 5)이고, 도착 위치인 병원은 (9, 2)라는 것을 알 수 있습니다.

□↑; 1↓는 −□, +1에 해당합니다. 즉, 세로축 5에서 2로 이동해야 하므로 5−□+1=2이어야 합니다.

따라서 □에 들어갈 알맞은 숫자는 4입니다.

7→; ○←는 +7, −○에 해당합니다. 즉, 가로축 5에서 9로 이동해야 하므로 5+7−○=9이어야 합니다.

따라서 ○에 들어갈 알맞은 숫자는 3입니다.

STEP 2

정답

반복되는 규칙: FRFFL
집에 가는 데 걸리는 시간: 1시간 16분

풀이

풍풍이의 이동 경로를 기호로 표현하면 다음과 같습니다.

FRFFLFRFFLFRFFL

이때 주의할 점은 풍풍이가 집의 문을 마주보고 있어야 이동이 완전히 끝나기 때문에 집 앞에 도착했을 때, 왼쪽으로 회전을 해야 합니다. 즉, 마지막 이동 기호는 L이어야 합니다.

따라서 반복되는 규칙은 FRFFL이라는 것을 알 수 있습니다.

한편, 집에 가는 데 걸리는 시간은 다음과 같이 구할 수 있습니다.

$$\frac{40}{60}+0.1+\frac{15}{30}=\frac{40}{60}+\frac{6}{60}+\frac{30}{60}$$
$$=\frac{40+6+30}{60}$$
$$=\frac{76}{60}=1\frac{16}{60}$$

따라서 풍풍이가 집에 가는 데 걸리는 시간은 1시간 16분입니다.

06 규칙따라 쏙쏙 규칙과 미로 탈출

STEP 1

정답

점 A, 점 D

해설

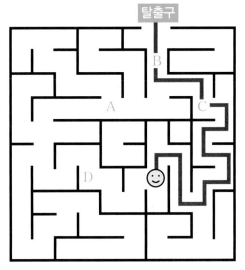

풍풍이가 [규칙]에 따라 이동한 미로 탈출 과정을 선으로 나타내면 위의 그림과 같으므로 거치지 않는 점은 점 A, 점 D입니다.

이때 주의할 것은 처음 이동 시 풍풍이는 [규칙 4]에 의해서 왼쪽(점 D쪽) 방향으로 이동하지 않고 위쪽 방향으로 이동해야 합니다.

STEP 2

정답

✕ 표시한 3개의 장애물을 제거합니다.

해설

로봇이 미로를 탈출하는 데 걸리는 시간이 10분이 되려면 빨간색 선으로 표시한 경로를 따라가야만 합니다.

방향을 바꿀 때마다 1분씩의 시간이 추가되기 때문에 방향을 바꾸는 횟수가 최소가 되는 경로를 찾는 것이 좋습니다.

빨간색 선을 따라가는 경로는 앞으로 4칸 이동(4분), 오른쪽으로 방향 바꾸기 1회(1분), 방향을 바꾼 후 앞으로 5칸 이동(5분)을 하기 때문에 미로를 탈출하는 데 걸리는 시간은 $4+1+5=10$(분)입니다.

07 규칙따라 모양따라
패턴과 대칭

STEP 1

정답

A, H, I, M, O, T, U, V, W, X, Y

해설

선대칭도형이 되는 알파벳을 찾는 문제입니다. 알파벳의 정가운데 세로축을 기준으로 반으로 접었을 때, 양쪽이 정확하게 포개지는 경우를 찾아야 합니다.

따라서 문제에 주어진 것과 같이 선대칭도형이 되는 알파벳은 A, H, I, M, O, T, U, V, W, X, Y입니다.

알아보기

» 선대칭도형

한 직선을 따라 접을 때 완전히 겹쳐지는 도형을 선대칭도형이라고 합니다. 이때 그 직선을 대칭축이라고 합니다.

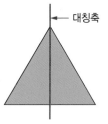

← 대칭축

한 개의 선대칭도형에서 여러 개의 대칭축을 찾아 그릴 수도 있습니다.

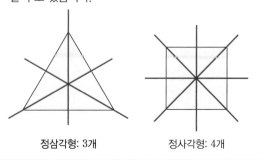

정삼각형: 3개   정사각형: 4개

STEP 2

정답

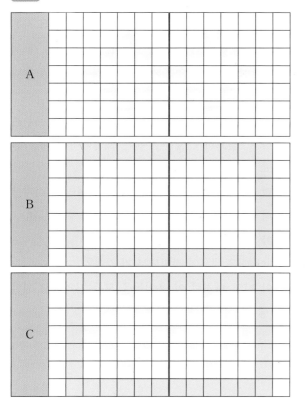

해설

A, B는 중앙의 빨간색 선을 기준으로 양쪽이 완전히 포개어지는 선대칭도형입니다. 그리고 A와 B의 이미지를 C에 모두 나타내면, A와 B가 병합되어 최종 이미지가 완성됩니다.

08 규칙따라 모양따라 패턴과 디자인

STEP 1

정답

층＼호	1호	2호	3호	4호	5호	6호
13층						
12층						
11층						
10층						
9층						
8층						
7층						
6층						
5층						
4층						
3층						
2층						
1층						

풀이

빨간색, 파란색, 노란색 유리를 순서대로 끼우는 문제입니다. 주의할 점은 3으로 나누었을 때, 나머지 값에 따라 처음 시작하는 색이 달라진다는 것입니다.

1층, 4층, 7층, 10층, 13층, 16층은 '빨간색 → 파란색 → 노란색'의 패턴이 반복됩니다. 2층, 5층, 8층, 11층, 14층, 17층은 '파란색 → 노란색 → 빨간색'의 패턴이 반복됩니다. 3층, 6층, 9층, 12층, 15층은 '노란색 → 빨간색 → 파란색'의 패턴이 반복됩니다.

STEP 2

정답

C.

풀이

A는 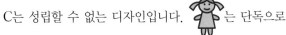 부터 시작하여, 패턴 3을 2번 적용한 디자인입니다.

B는  부터 시작하여, 패턴 4를 1번, 패턴 2를 1번, 패턴 4를 1번 적용한 그림입니다.

D는  부터 시작하여, 패턴 4를 1번, 패턴 1을 1번, 패턴 3을 1번 적용한 디자인입니다.

C는 성립할 수 없는 디자인입니다. 는 단독으로 등장할 수 없고, 의 오른쪽 옆에는 항상

이 있어야 합니다. 그런데 C에는 의 오른쪽에

가 있습니다. 또한, 은 변환해도

이 남아있게 되기 때문에 삭제할 수도 없습니다.

정리 시간

1.

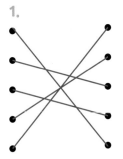

2.
풍풍이에게
풍풍아, 안녕? 나는 코코야~
풍풍아, 이번 2단원 규칙대로 척척에서 배운 용어들을 알려주려고 편지를 써.
우리는 수업시간에 패턴, 좌표, 스택, 추상화, 레이어 라는 단어를 새롭게 배웠어.

패턴은 수, 모양, 현상 등의 배열에서 찾을 수 있는 일정한 법칙이고, 좌표는 물체의 위치를 지정하기 위해 사용하는 값을 말해.
또, 스택 구조는 가장 마지막에 들어간 자료부터 사용하는 자료 구조를 말하는데, 우리가 인터넷을 할 때 뒤로가기 버튼을 자주 이용하잖아? 이것이 스택의 원리이기도 해.
그리고 추상화는 물제를 해결할 때 꼭 필요한 부분은 선택하고, 필요하지 않는 부분은 제거하여 상태를 간결하고 이해하기 쉽게 만드는 것을 말해.
마지막으로 레이어는 그림을 그릴 때 여러 이미지를 겹쳐서 표시하기 위하여 사용하는 투명한 층을 뜻해.
풍풍아, 어때?
2단원에 배운 내용이 정리되는 것 같아?
풍풍이 너도 나처럼 이 용어들을 모두 기억하고 있었으면 좋겠어.
그럼 잘 지내, 안녕~!

코코가

한 발자국 더

8	1	6
3	5	7
4	9	2

3 알고리즘이 쑥쑥

01 순서대로 차곡차곡 일상생활과 알고리즘

STEP 1

정답

(위에서부터 차례대로)

냄비에 물 붓기

라면 스프 넣기

그릇에 완성된 라면 덜기

해설

순서도의 기본 구조를 알기 위한 문제입니다. 일이 일어나는 순서를 쪼개어 알고리즘화하는 방법을 익힐 수 있습니다.

라면 끓이는 순서를 차례로 생각해 보면 라면을 끓이기 위해 냄비에 물을 넣고, 스프와 면을 넣고 끓인 후 라면을 그릇에 덜게 됩니다.

라면뿐만 아니라 주변에서 살펴볼 수 있는 요리를 순서대로 나타내어 봅니다.

STEP 2

정답

(예시)

아침 기상

↓

아침밥을 먹는다.

↓

세수와 양치를 한다.

↓

옷을 입고,
양말을 신는다.

↓

가방을 멘다.

↓

신발을 신는다.

↓

등교 준비 끝!

해설

등교 준비 과정을 시간 순서대로 나누어 순차 구조로 나타내어 보는 문제입니다. 사람들마다 등교 준비 과정은 다르기 때문에 정해진 답은 없습니다. 평소 등교 준비 과정을 떠올려 알고리즘을 그립니다.

02 조건에 따라 하나하나 도형과 알고리즘

STEP 1

정답

(1) ㄱ, ㅅ

(2) ㄴ, ㄹ, ㅇ

(3) ㄷ, ㅁ, ㅂ

해설

(1) 원과 타원인 ㄱ과 ㅅ은 각이 없으며, 나머지 도형은 모두 각이 있습니다.

(2) ㄴ, ㄹ, ㅇ은 각각 삼각형과 오각형으로, 각은 있지만 평행한 변은 없습니다.

(3) ㄷ은 직사각형으로 평행한 변이 2쌍, ㅁ은 육각형으로 평행한 변이 3쌍, ㅂ은 평행사변형으로 평행한 변이 2쌍 있습니다.

STEP 2

정답

(1) 각의 크기에 따른 삼각형 분류

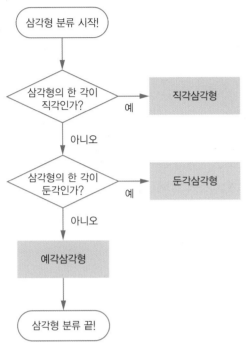

(2) 변의 길이에 따른 분류

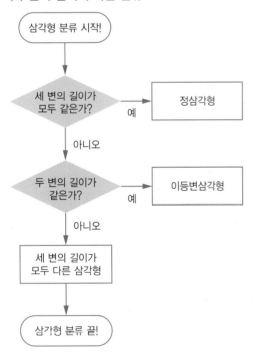

해설

삼각형을 각의 크기와 변의 길이에 따라 분류하는 문제입니다.

각의 크기에 따라 분류할 때, 한 각이 직각이면 직각삼각형, 한 각이 둔각이면 둔각삼각형, 직각이나 둔각 없이 세 각이 모두 예각이면 예각삼각형입니다.

변의 길이에 따라 분류할 때, 세 변의 길이가 모두 같으면 정삼각형, 두 변의 길이가 같으면 이등변삼각형, 세 변의 길이가 모두 다른 삼각형으로 분류할 수 있습니다.

03 반복을 하나로 순서도와 반복 구조

STEP 1

정답

[방법1]

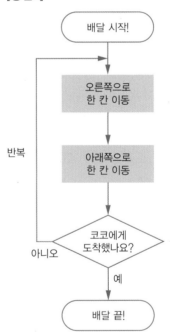

[방법2]

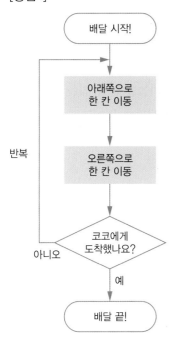

해설

반복 구조를 이해하기 위한 기본적인 순서도 문제입니다. 퐁퐁이가 코코에게 선물을 전달하기 위해서는 자율주행로봇은 총 오른쪽으로 3칸, 아래쪽으로 3칸 이동해야 합니다. 이때, 그 순서는 바뀌어도 코코에게 도착할 수 있습니다.

또한, '반복'을 이용하지 않은 순서도를 다양한 방법으로 만들 수도 있습니다.

STEP 2

정답

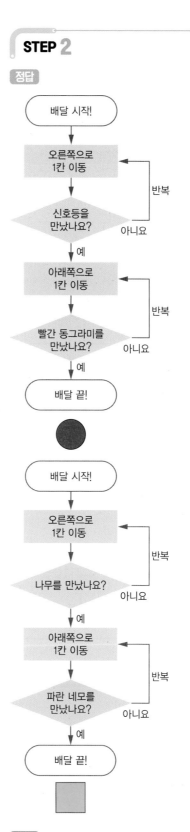

해설

반복 구조를 이용하여 알고리즘을 간단하게 설계할 수 있습니다. 순서도로 나타낼 때, 마름모는 어느 것인지 택할 때 사용하는 판단 기호입니다.

04 알고리즘과 분류
조건에 따라 분류해요

STEP 1

정답

시작

↓

일기예보를 확인한다.

↓

비가 내리나요?

예 ↓   아니오 →

우산을(를) 챙긴다.   모자을(를) 챙긴다.

↓

외출!

해설

일기예보에 따라 달라지는 조건을 찾아 알고리즘을 완성하는 문제입니다.

일기예보를 확인한 후 비가 내리면 우산을, 그렇지 않으면 모자를 챙기는 조건을 이용하여 알고리즘을 나타낼 수 있습니다.

STEP 2

정답

(1) 사자, 코끼리

(2) 거북이, 악어, 도마뱀

(3) 돌고래, 문어, 닭, 펭귄

(4) 나비, 벌, 장수풍뎅이

(5) 백조, 홍학

해설

조건을 포함한 알고리즘에 따라 동물을 분류해 보는 문제입니다.

(1) 다리가 4개이면서 알을 낳지 않는 동물은 사자, 코끼리입니다.

(2) 다리가 4개이면서 알을 낳는 동물은 거북이, 악어, 도마뱀입니다.

(3) 다리가 4개가 아니며, 하늘을 날 수 없는 동물은 돌고래, 문어, 닭, 펭귄입니다.

(4) 다리가 4개가 아니며, 하늘을 날 수 있으면서 깃털이 없는 동물은 나비, 벌, 장수풍뎅이입니다.(곤충 또한 동물입니다.)

(5) 다리가 4개가 아니며 하늘을 날 수 있고, 깃털이 있는 동물은 백조와 홍학입니다.

05 최단경로와 알고리즘 1
짧은 길을 찾아라

STEP 1

정답

AAA LAA LAA AR AR AL AL A RAAA
RAAA RA LA RA AL AL AAA

※ 띄어쓰기는 정답과 무관합니다.

해설

경로를 선으로 나타내면 다음과 같습니다.

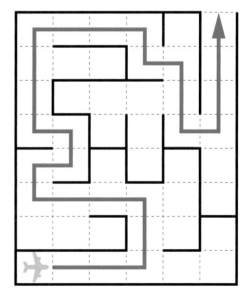

비행기 로봇이 이동하는 경로에 따라 회전하는 방향을 생각하여 알고리즘을 구성합니다.

STEP 2

정답

(예시1)
D(A3) D(LAA2) D(AR2) D(AL2) A D(RAAA2) RA LA RA D(AL2) D(A3)
(예시2)
D(A3) L D(A2) L D(A3) D(RA2) D(LA2) D(RAAA2) RA LA RA D(AL2) D(A3)

해설

STEP 1의 과정 중 반복되는 것을 D로 묶고 반복되는 횟수를 적으면 보다 간단하게 알고리즘을 나타낼 수 있습니다.

반복되는 구간을 어떻게 정하느냐에 따라 다양한 방법으로 나타낼 수 있습니다.

06 마을을 연결해요 최단경로와 알고리즘 2

STEP 1

정답

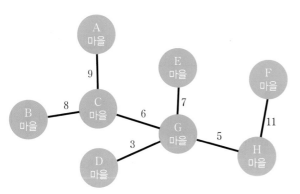

해설

8개의 마을을 연결하는 도로를 만드는 데 드는 최소 비용을 구하기 위해 각 마을을 연결하는 도로를 만드는

데 드는 비용의 합계를 구하여 비교하면 됩니다. 먼저 A 마을과 B, C 마을을 연결하는 도로를 만드는 데 드는 최소 비용은 8＋9＝17입니다. 다음, A, B, C 마을 중에서 A, B, C 마을을 제외한 다른 마을을 연결하는 도로를 만드는 데 가장 적은 비용이 드는 C 마을을 기준으로 생각합니다. C, D, G 마을을 연결하는 도로를 만드는 데 드는 최소 비용은 6＋3＝9입니다.

마찬가지로 C, D, G 마을 중에서 A, B, C, D, G를 제외한 다른 마을을 연결하는 도로를 만드는 데 가장 적은 비용이 드는 G 마을을 기준으로 생각합니다. G, E, H 마을을 연결하는 도로를 만드는 데 드는 최소 비용은 7＋5＝12입니다.

이제 마지막 남은 F 마을을 연결하는 도로를 만드는 데 더 적은 비용이 드는 H 마을과 F 마을을 이어줍니다.

STEP 2

정답

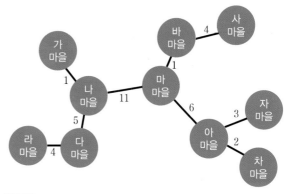

해설

가 마을과 나 마을을 연결하기 위해서는 1의 비용이 필요합니다. 다와 라 마을을 연결하는 데에는 가-라-다 마을을 연결하는 비용(8＋4)보다 가-나-다-라 마을을 연결하는 비용(1＋5＋4)이 더 적게 드므로 가 마을과 나, 다, 라 마을을 연결합니다. 가, 나, 다, 라 마을과 연결된 마을 중 비용이 가장 적게 드는 마 마을을 연결합니다.

이번에는 마 마을을 기준으로 생각하면 바와 사 마을을 연결하는 데에는 비용(1＋4)이 듭니다. 다음으로 자 마을을 연결하는 데 사-자 마을을 직접 연결하는 방법 또는 아 마을을 거쳐 가도록 연결하는 방법이 있습니다. 사-자 마을을 직접 연결하는 비용(10)보다 아-자 마을을 거쳐 가도록 연결하는 비용(6+3)이 더 적게 듭니다.

마지막으로 차 마을을 연결하기 위해 아-차 마을을 연결하는 방법과 자-차 마을을 연결하는 방법 중 아-차 마을을 연결하는 데 드는 비용(2)이 더 적습니다.

07 탐색과 알고리즘
살펴보고 찾아보기

STEP 1

정답

먼저 7장의 카드를 33을 기준으로 반으로 나누면
1, 5, 17 / 33 / 49, 54, 77입니다.
이때 33<49이므로 49, 54, 77을 선택합니다.
49, 54, 77 중 54를 기준으로 반으로 나누면
49 / 54 / 77입니다.
이때 49<54이므로 54보다 작은 자료를 선택하면 49를 찾을 수 있습니다.

STEP 2

정답

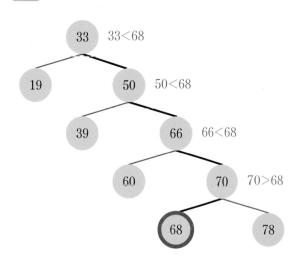

해설

31개의 자료를 33을 기준으로 반으로 나눕니다. 원하는 값인 68은 50이 있는 부분에 속합니다. 50이 속해 있는 부분의 자료를 다시 반으로 나누면 원하는 값인 68은 66이 있는 부분에 속합니다. 마찬가지 방법으로 66이 속해 있는 부분의 자료를 다시 반으로 나누면 원하는 값 68은 70이 있는 부분에 속합니다. 이때 68<70이므로 70보다 작은 자료를 선택하면 68을 찾을 수 있고, 이진탐색 트리를 그릴 수 있습니다.

08 정렬과 알고리즘
찾아서 나열하기

STEP 1

정답

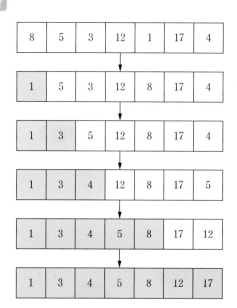

해설

선택정렬은 가장 작은 값을 찾아 가장 앞에 놓인 값과 자리를 바꾸어 나가는 방식입니다.

가장 작은 값인 1을 가장 앞에 위치한 8과 자리를 바꿔 줍니다. 1을 제외한 나머지 자료 중 가장 작은 값인 3을 두 번째 자리에 위치한 5와 자리를 바꾸어 줍니다. 마찬가지 방법으로 나머지 자료 중에서 가장 작은 값을 찾아 자리를 바꿔 나열해 줍니다.

STEP 2

정답

㉠ :

2	1	4	5	7

㉡ :

1	2	4	5	7

풀이

버블정렬은 이웃하는 숫자를 비교해서 작은 수를 앞으로 이동시키는 방법입니다.

4, 2, 1, 5, 7의 정렬에서 버블정렬 과정을 통해 큰 수인 4가 뒤로 이동하여 2, 4, 1, 5, 7 → 2, 1, 4, 5, 7이 됩니다.(㉠)

또, 2, 1, 4, 5, 7의 정렬에서 버블정렬 과정을 통해 큰 수인 2가 뒤로 이동하여 1, 2, 4, 5, 7이 됩니다.(㉡)

정리 시간

1.

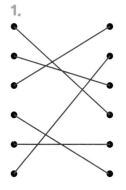

2.

좋아하는 요리: 떡볶이

[요리법]

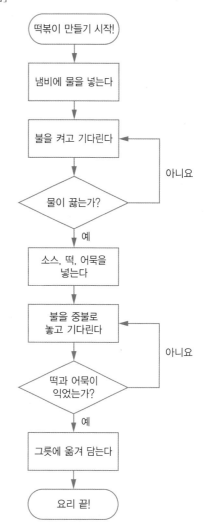

쉬는 시간

Q-1

위에서부터 길이가 긴 것부터 짧은 것이 순서로 나열됩니다.

Q-2

이웃한 것끼리 비교해 나가면서 길이가 긴 것은 위로, 길이가 짧은 것은 아래로 나열됩니다. 즉, 버블정렬의 과정을 통해 길이 순서대로 나열되는 것입니다.

4 나는야 데이터 탐정

01 오류를 찾아라!
오류와 디버깅

STEP 1

정답

3번 칸입니다.

3번 칸을 제외한 나머지 칸은 첫 번째 수와 그 수의 2배, 3배, 4배인 수를 차례대로 나열하였습니다. 하지만 3번 칸은 첫 번째 수 4의 2배인 8이 생략되어 첫 번째 수의 3배, 4배, 5배인 수가 차례로 나열되었습니다.
따라서 3번 칸은 다른 칸과 규칙이 다릅니다.

해설

1번 칸은 2, 4, 6, 8로 2의 2배, 3배, 4배입니다.
2번 칸은 3, 6, 9, 12로 3의 2배, 3배, 4배입니다.
4번 칸은 5, 10, 15, 20으로 5의 2배, 3배, 4배입니다.
5번 칸은 6, 12, 18, 24로 6의 2배, 3배, 4배입니다.
하지만 3번 칸은 4, 12, 16, 20으로 4의 3배, 4배, 5배이므로 다른 칸과 규칙이 다릅니다.

STEP 2

정답

3번 칸입니다.

나머지 칸의 계산 결과는 모두 2469인데, 3번 칸의 계산 결과는 1801입니다.
따라서 3번 칸에서 오류가 있습니다.

풀이

각 칸을 계산한 후, 결괏값이 다른 칸을 찾으면 됩니다.
1번 칸: $12345 \div 5 = 2469$
2번 칸: $24690 \div 10 = 2469$
3번 칸: $27015 \div 15 = 1801$
4번 칸: $49380 \div 20 = 2469$
5번 칸: $61725 \div 25 = 2469$
따라서 계산 결과가 다른 3번 칸에서 오류가 있습니다.

---

02 오류를 찾아라!
오류와 패리티 비트

STEP 1

정답

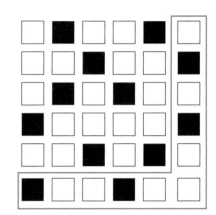

해설

가로 행의 흰색, 검은색 카드가 각각 모두 짝수 장이 되도록 맞추고, 세로 열의 흰색, 검은색 카드가 각각 모두 짝수 장이 되도록 맞추면 됩니다.
예를 들어, 첫 번째 가로 행의 경우, (흰색, 검은색, 흰색, 흰색, 검은색)이므로 흰색 3장, 검은색 2장입니다. 각각 모두 짝수 장으로 맞추려면 흰색 카드 1장이 더 필요합니다.
마찬가지 방법으로 모든 가로 행과 세로 열에서 각각 짝수 장이 되도록 맞추면 됩니다.

STEP 2

정답

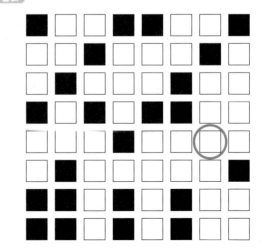

이유

동그라미 표시를 한 카드는 가로 행과 세로 열에서 검은색 카드가 홀수 장인 행과 열이 만나는 위치에 있는 카드입니다.

해설

코코가 가로 행과 세로 열에 있는 흰색 카드와 검은색 카드가 각각 모두 짝수 장이 되도록 맞춰놨으므로 흰색, 검은색의 카드가 홀수 장인 행과 열을 찾으면 됩니다. 5행은 (흰색, 흰색, 흰색, 검은색, 흰색, 흰색, 흰색, 흰색)으로 검은색 카드가 홀수 장이고, 7열은 (흰색, 검은색, 흰색, 흰색, 흰색, 흰색, 흰색, 흰색)으로 검은색 카드가 역시 홀수 장입니다.

따라서 5행과 7열이 만나는 곳에 놓인 카드가 뒤집힌 카드입니다.

03 오류를 찾아라! 오류와 체크섬

STEP 1

정답

3학년 4반, 24명

풀이

표의 가로 행과 세로 열에 있는 수를 각각 더해 보았을 때, 합계가 다른 것을 찾으면 됩니다.

먼저, 가로로 네 번째 줄에 있는 4반의 합계는 $21+24+22+27+23+23=140$으로, 합계에 적혀 있는 142와 같지 않습니다.

따라서 4반의 학생 수가 잘못 입력되었습니다.

다음으로 세로로 세 번째 줄에 있는 3학년의 합계는 $22+21+23+22+22+21=131$로, 합계에 적혀 있는 133과 같지 않습니다.

따라서 3학년의 학생 수가 잘못 입력되었습니다.

그러므로 가로로 네 번째 줄과 세로로 세 번째 줄이 서로 만나는 3학년 4반의 학생 수가 잘못 입력되었습니다.

또한, 각각 더한 수가 합계에 적힌 수보다 2씩 부족하므로 3학년 4반의 학생 수는 24명임을 알 수 있습니다.

구분	1학년	2학년	3학년	4학년	5학년	6학년	합계
1반	22	24	22	29	25	22	144
2반	23	23	21	28	24	21	140
3반	22	23	23	27	24	21	140
4반	21	24	22	27	23	23	142
5반	23	22	22	28	22	22	139
6반	20	24	21	27	24	23	139
합계	131	140	133	166	142	132	844

STEP 2

정답

1	0	1	1	1	0	46
1	1	0	1	0	1	53
0	1	0	0	0	1	17
0	0	1	1	0	1	13
1	1	0	1	⓪	0	54
1	1	0	1	0	1	53
51	27	36	55	34	29	

0을 1로 바꾸어야 합니다.

풀이

이 문제의 규칙은 여섯 자리의 2진수를 각각 가로와 세로에 나열한 후 마지막 칸에 그 2진수를 10진수로 나타낸 것을 적는 규칙입니다.

그중 가로로 다섯 번째 줄에 놓인 2진수 110100을 10진수로 나타내면 $1\times32+1\times16+1\times4=52$로 10진수 54와 다릅니다.

또한, 세로로 다섯 번째 줄에 놓인 2진수 100000을 10진수로 나타내면 $1\times32=32$로 10진수 34와 다릅니다.

따라서 이를 바르게 나타내려면 가로로 다섯 번째 줄과 세로로 다섯 번째 줄이 만나는 곳에 있는 0이 1로 바뀌어 합니다.

04 비밀을 찾아라! 비밀 메시지와 오류

STEP 1

정답

00101/10110/00011/11010/10100/01001/
00001/10100/00011/00111/11001

해설

불: 00101/10110/00011
꽃: 11010/10100/01001
놀: 00001/10100/00011
이: 00111/11001

불꽃놀이를 자음과 모음으로 순서대로 분리한 뒤, 표에서 대응하는 컴퓨터 언어를 하나씩 찾아 쓰면 됩니다.

STEP 2

정답

한글 자음	컴퓨터 언어	패리티 비트
ㅅ	00110	0
ㅇ	00111	1
ㅈ	01000	1
ㅊ	01001	0
ㅋ	01010	0
ㅌ	01011	1
ㅍ	01100	0
ㅎ	01101	1

한글 모음, 쌍자음	컴퓨터 언어	패리티 비트
ㅏ	10000	1
ㅑ	10001	0
ㅓ	10010	0
ㅕ	10011	1
ㅗ	10100	0
ㅛ	10101	1
ㅜ	10110	1
ㅠ	10111	0
ㅡ	11000	0
ㅣ	11001	1
ㄲ	11010	1
ㄸ	11011	0
ㅃ	11100	1
ㅆ	11101	0
ㅉ	11110	0

해설

1과 0의 개수가 각각 짝수가 되도록 하는 패리티 비트라는 것을 알 수 있습니다. 예를 들어, 'ㅅ'은 00110으로 0이 3개, 1이 2개이므로 패리티 비트는 0입니다.

STEP 3

정답

3번 글자, 벚꽃

해설

3번 글자의 패리티 비트가 1이므로 1과 0의 개수가 각각 홀수 개가 되어 3번 글자에 오류가 있음을 알 수 있습니다.

1번 글자는 ㅂ, 2번 글자는 ㅓ, 3번 글자는 ?, 4번 글자는 ㄲ, 5번 글자는 ㄴ, 6번 글자는 ㅊ입니다.

따라서 이를 바탕으로 추측하면 벚꽃이 되고, 3번 글자는 컴퓨터 언어가 01000인 ㅈ임을 알 수 있습니다.

05 가짜 바코드를 찾아라!
바코드와 오류 검증

STEP 1

정답

5

풀이

체크 숫자를 구하기 위해 먼저 짝수 번째 자리의 수에 3을 곱하고 그 결괏값과 홀수 번째 자리의 수를 모두 더하면 다음과 같습니다.

$8 \times 3 + 1 \times 3 + 3 \times 3 + 5 \times 3 + 3 \times 3 + 2 \times 3 = 66$

$66 + 8 + 0 + 2 + 4 + 4 + 1 = 85$

85의 일의 자리의 수는 5이고, 10에서 5를 빼면 5입니다.

따라서 주어진 바코드의 체크 숫자는 5입니다.

STEP 2

정답

① 없다

② 있다

풀이

①의 체크 숫자를 구하기 위해 먼저 짝수 번째 자리의 수에 3을 곱하고 그 결괏값과 홀수 번째 자리의 수를 모두 더하면 다음과 같습니다.

$7 \times 3 + 8 \times 3 + 5 \times 3 + 4 \times 3 + 6 \times 3 + 7 \times 3 = 111$

$111 + 9 + 8 + 9 + 9 + 0 + 2 = 148$

148의 일의 자리의 수는 8이고, 10에서 8을 빼면 2입니다. 따라서 ①의 바코드의 체크 숫자는 2이므로 이 바코드는 오류가 없습니다.

②의 체크 숫자를 구하기 위해 먼저 짝수 번째 자리의 수에 3을 곱하고 그 결괏값과 홀수 번째 자리의 수를 모두 더하면 다음과 같습니다.

$8 \times 3 + 1 \times 3 + 7 \times 3 + 0 \times 3 + 9 \times 3 + 0 \times 3 = 75$

$75 + 8 + 0 + 3 + 6 + 3 + 0 = 95$

95의 일의 자리의 수는 5이고, 10에서 5를 빼면 5입니

다. 따라서 ②의 바코드는 체크 숫자가 6이므로 이 바코드는 오류가 있습니다.

06 조건 만족시키기
데이터 검색과 분석

STEP 1

정답

수요일은 실내체육관에서, 목요일은 야외운동장에서 운동할 수 있습니다.

해설

미세먼지 농도가 $30\,\mu g/\text{m}^3$ 이하인 요일은 월요일, 목요일, 금요일이고, 비가 오지 않는 요일은 수요일, 목요일입니다. 즉, 조건 4에 의해 모든 반이 목요일에 야외운동장에서 운동할 수 있습니다.

한편, 조건 3에서 3반은 수요일에 실내체육관에서 운동할 수 있습니다.

따라서 3반은 수요일은 실내체육관에서, 목요일은 야외운동장에서 운동할 수 있습니다.

STEP 2

정답

3월

풀이

수영복의 판매가격이 가장 저렴한 달은 5월로, 15000원입니다. 풍풍이는 매달 1일에 7000원의 용돈을 받으므로 $7 \times 2 = 14000$, $8000 \times 3 = 21000$, 즉 적어도 3달을 모아야 합니다.

따라서 3월, 4월, 5월 3달 동안 모은 용돈으로 수영복을 구매할 수 있습니다.

07 순서대로 연결하기
연결리스트와 논리

STEP 1

정답

A−C−D−B

해설

각각 화물기차 오른쪽에 표시된 자원을 실은 화물기차와 연결하면 됩니다. '나무(다이아몬드)−다이아몬드(석탄)−석탄(금)−금(없음)'의 순서로 연결하면 되므로 이를 기호로 나타내면 A−C−D−B입니다.

STEP 2

정답

개, 늑대, 늑대, 개, 개, 개, 개, 양

해설

양이 서로 다른 나무 뗏목에 타고 있으므로 양이 타고 있는 나무 뗏목에 탈 수 있는 것은 개뿐입니다. 만약 같은 나무 뗏목에 (양, 양)이 타면 이전 나무 뗏목과 다음 나무 뗏목에도 양이 타야 하므로 최소 양이 네 마리가 있어야 합니다. 즉, (,   )−(, 개)−(개, 양)−(양, 개)−(개,   )이어야 합니다.

한편, 마지막 남은 양 한 마리가 탈 수 있는 나무 뗏목은 맨 마지막 뗏목의 하얀색 칸뿐입니다.

따라서 (,   )−(, 개)−(개, 양)−(양, 개)−(개, 양)이며, 앞의 2개의 나무 뗏목에 남아 있는 3자리에 늑대 두 마리, 개 한 마리를 태우면 됩니다.

그러므로 늑대, 양, 개를 모두 태우는 방법은

(개, 늑대)−(늑대, 개)−(개, 양)−(양, 개)−(개, 양)입니다.

08 데이터 분석하기
빅데이터와 분석

STEP 1

정답

딸기롤, 딸기 아이스크림

풀이

디저트의 재료 간 공통점을 찾은 후, 최소한의 종류의 재료로 만들 수 있는 디저트 2개를 고르면 됩니다. 먼저 재료의 수가 가장 적은 딸기 아이스크림을 기준으로 생각하면 딸기, 우유, 설탕이 필요합니다. 딸기, 우유, 설탕을 필요로 하는 디저트는 딸기 케이크와 딸기롤입니다. 이중 재료가 더 적게 들어가는 딸기롤을 만들기 위해서 밀가루, 버터, 달걀만 더 있으면 됩니다.

따라서 최소한의 종류의 재료로 만들 수 있는 디저트는 딸기롤과 딸기 아이스크림입니다.

STEP 2

정답

퐁퐁이: 사이다

코코: 콜라

풀이

음식과 음료와의 연관성을 살펴보면 되는 문제입니다.

해물라면과 해물전을 먹을 때 추천해 주는 음료수는 사이다이므로 해물과 사이다와의 관련성이 커 보입니다.

한편, 치킨피자와 소고기피자를 먹을 때 추천해 주는 음료수는 콜라이므로 피자와 콜라의 연관성이 커 보입니다.

따라서 해물찜을 선택한 퐁퐁이는 사이다를 추천받을 가능성이 높고, 치즈피자를 선택한 코코는 콜라를 추천받을 가능성이 높습니다.

1.

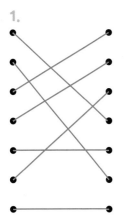

2.

〈예시답안〉

• 코로나, 마스크, 확진자 세 검색어는 밀접한 관련이 있습니다.

• 2020년 1월 말~2월 초에 세 검색어의 검색량이 폭 발적으로 증가하였습니다.

• 2020년 8월~9월 사이, 2020년 11월~12월 사이에 검색량이 다시 증가하였습니다.

5 네트워크를 지켜줘

01 네트워크의 세계
네트워크와 사물인터넷

STEP 1

정답

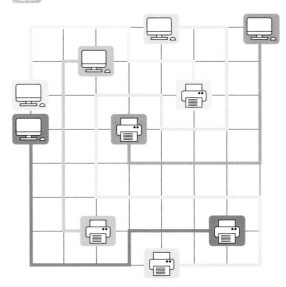

해설

컴퓨터와 프린터기를 연결하는 선이 다른 선과 겹칠 경우, 용량이 초과되어 모든 기계가 고장난다는 것에 유의하며 문제를 해결해야 합니다. 다른 선과 겹치지 않도록 위의 정답의 그림과 같이 선을 연결하면 됩니다.

STEP 2

정답

〈예시답안〉

• 일상생활이 편리해질 것이다.

• 일을 하는 시간이 단축될 것이다.

• 사람이 눈치채지 못하는 문제들도 기계가 해결해 주어 큰 사고를 막을 수 있을 것이다.

• 기계들이 서로 연결되어 있어 해킹의 피해가 더 커질 것이다.

- 사람의 몸을 관리해 주는 기계들에 문제가 생긴다면, 건강에 문제가 생길 수 있을 것이다.
- 사람들이 기계에 많이 의존하게 되어 자율적으로 할 수 있는 일들이 줄어들 것이다.

해설

사물인터넷이 삶에 미칠 영향을 생각해 보는 문제입니다. 사물인터넷의 긍정적인 영향과 부정적인 영향이 모두 답이 될 수 있습니다.

예시답안 이외에도 다양한 답안이 나올 수 있습니다.

02 네트워크의 세계 네트워크와 연결거리

STEP 1

정답

C

풀이

정사각형 한변의 길이는 $\dfrac{2 \text{ km}}{20} = 0.1$ km입니다.

따라서 파란색 광케이블 간의 길이는 2 km, 노란색 광케이블 간의 길이는 1.7 km, 초록색 광케이블 간의 길이는 1.1 km입니다.

A에 사용된 광케이블의 길이의 합은

$2 + 1.7 = 3.7$ (km)

B에 사용된 광케이블의 길이의 합은

$2 \times 3 = 6$ (km),

C에 사용된 광케이블의 길이의 합은

$1.1 \times 3 = 3.3$ (km)

입니다. 따라서 광케이블을 가장 짧게 사용하는 경로는 C입니다.

STEP 2

정답

C

풀이

정사각형 한변의 길이는 $\dfrac{2 \text{ km}}{20} = 0.1$ km입니다.

따라서 파란색 광케이블의 길이는 2 km, 노란색 광케이블 간의 길이는 1.4 km, 초록색 광케이블 간의 길이는 1.1 km, 보라색 광케이블 간의 길이는 0.8 km입니다.

A에 사용된 광케이블의 길이의 합은

$1.4 \times 4 = 5.6$ (km),

B에 사용된 광케이블의 길이의 합은

$2 \times 3 = 6$ (km),

C에 사용된 광케이블의 길이의 합은

$1.1 \times 4 + 0.8 = 5.2$ (km)

입니다. 따라서 광케이블을 가장 짧게 사용하는 경로는 C입니다.

03 네트워크의 세계 네트워크와 라우팅

STEP 1

정답

라우터를 4번 → 3번 → 2번 → 1번의 순서로 사용합니다.

해설

라우터들 간에 연결 상태를 추론하는 문제입니다. 조건에 따르면 라우터는 '5번 네트워크－(1번 라우터)－6번 네트워크－(2번 라우터)－8번 네트워크－(3번 라우터)－7번 네트워크－(4번 라우터)－9번 네트워크'로 연결되어 있습니다.

따라서 5번 네트워크가 9번 네트워크에 보낸 메시시에 가장 빠르게 답장을 하기 위해서 9번 네트워크는 라우터를 4번 → 3번 → 2번 → 1번 순서로 사용합니다.

STEP 2

정답

1번 도로 3분, 2번 도로 2분, 3번 도로 5분

해설

서로 다른 차량 이동량(데이터 전송량)을 가지고 있는 도로들(네트워크)을 공평하게 다른 도로(네트워크)로 연결시켜 주는 신호기(라우터)의 신호 분배 비율을 생각해 보는 문제입니다.

1번 도로, 2번 도로, 3번 도로 위의 차량은 각각 210대, 140대, 350대입니다. 이를 210, 140, 350의 최대공약수인 70으로 나누면 몫이 각각 3, 2, 5로 나옵니다.

따라서 1번 도로 위의 차량은 3대가 고속도로를 진입할 때, 2번 도로 위의 차량은 2대, 3번 도로 위의 차량은 5대가 고속도로로 진입하면 됩니다. 즉, 신호기가 10분동안 1번 도로는 3분, 2번 도로는 2분, 3번 도로는 5분을 할당하면 신호기가 공평하게 신호를 분배하는 것입니다.

04 네트워크의 세계
네트워크와 IP

STEP 1

정답

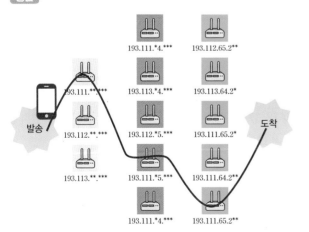

해설

규칙에 맞는 라우터를 골라가며 도착지의 주소에 메시지를 전달하면 되는 문제입니다.

193.111.65.222는 첫 번째 라우터 단계에서 193.111.**.***를 통과해야 합니다. 나머지는 주어진 주소와 ②번 자리 규칙이 맞지 않습니다. 두 번째 단계에서는 193.111.*5.***를 통과해야 합니다. 이 라우터만이 주어진 주소와 ③번 자리 규칙이 맞습니다. 세 번째 단계에서는 193.11.65.2**를 통과해야 합니다. 이 라우터만이 주어진 주소와 ④번 자리 규칙이 맞습니다.

STEP 2

정답

B, C

풀이

A는 ③의 자리가 195이기 때문에 ③번 자리가 두 자리 수만을 통과시키는 흰색 라우터를 통과할 수 없습니다. D는 ④번 자리가 23이기 때문에 ④번 자리가 세 자리 수만 통과시키는 주황색 라우터를 통과할 수 없습니다.

따라서 규칙에 따라 이동할 때, 코코에게 도착할 수 있는 메시지는 B, C입니다.

05 보안의 세계
네트워크와 암호 프로토콜

STEP 1

정답

23, 29, 31, 37, 41, 43, 47, 53, 59, 61, 67, 71, 73, 79, 83, 89, 97 중 5개 이상 찾기

해설

20보다 크고 100보다 작은 수 중에서 1과 자기 자신으로만 나누어떨어지는 수를 찾는 문제입니다. 즉, 20보다 크고 100보다 작은 소수를 찾아야 합니다.

더 알아보기

» **에라토스테네스의 체**

그리스 출신의 수학자인 에라토스테네스는 자연수 중에서 소수를 가려내는 방법을 고안하였습니다. 이 방법은 마치 체로 걸러 내듯 자연수 중에서 소수만 걸러 낸다고 하여 '에라토스테네스의 체'라고 합니다.

1부터 100까지의 자연수 중에서 에라토스테네스의 체의 방법을 써서 소수를 걸러내어 봅시다.

① 1은 소수가 아니므로 ×표를 합니다.

② 가장 작은 소수 2에 ○표를 한 다음 2를 제외한 2의 배수를 모두 ×표로 지웁니다.

③ 남은 수 중 가장 작은 소수 3에 ○표를 한 다음 3을 제외한 3의 배수를 모두 ×표로 지웁니다.

④ 마찬가지 방법으로 표시되어 있지 않고 남아 있는 수에 반복합니다.

⑤ ○표를 한 수가 소수입니다.

~~1~~	2	3	~~4~~	5	~~6~~	7	~~8~~	~~9~~	~~10~~
11	~~12~~	13	~~14~~	~~15~~	~~16~~	17	~~18~~	19	~~20~~
~~21~~	~~22~~	23	~~24~~	~~25~~	~~26~~	~~27~~	~~28~~	29	~~30~~
31	~~32~~	~~33~~	~~34~~	~~35~~	~~36~~	37	~~38~~	~~39~~	~~40~~
41	~~42~~	43	~~44~~	~~45~~	~~46~~	47	~~48~~	~~49~~	~~50~~
~~51~~	~~52~~	53	~~54~~	~~55~~	~~56~~	~~57~~	~~58~~	59	~~60~~
61	~~62~~	~~63~~	~~64~~	~~65~~	~~66~~	67	~~68~~	~~69~~	~~70~~
71	~~72~~	73	~~74~~	~~75~~	~~76~~	~~77~~	~~78~~	79	~~80~~
~~81~~	~~82~~	83	~~84~~	~~85~~	~~86~~	~~87~~	~~88~~	89	~~90~~
~~91~~	~~92~~	~~93~~	~~94~~	~~95~~	~~96~~	97	~~98~~	~~99~~	~~100~~

STEP 2

정답

〈예시답안〉

내가 만든 암호: 1814

나의 생각과 이유:

- 찾을 수 있습니다. 시간이 걸리더라도 암호를 만든 방법을 거꾸로 사용하여 계산해 나가면 4개의 수를 찾을 수 있기 때문이다.
- 찾을 수 없습니다. 두 수를 합한 값이 네 자리 수가 되면 경우의 수가 너무 많이 생깁니다. 그리고 그 경우의 수 가운데서 소수 4개를 찾는 일은 쉬운 일이 아닙니다.

풀이

23, 29, 31, 37을 차례대로 적을 때

$(23\times29)+(31\times37)=667+1147=1814$입니다.

예시답안 이외에도 소수인 수 4개를 크기순으로 나열한 후 계산과정에 맞게 바르게 계산했으면 정답이 됩니다.

06 보안의 세계 네트워크와 암호화

STEP 1

정답

B

해설

I WANT TO EAT APPLE!을 힌트의 표와 같이 나열하면 다음과 같습니다.

I	W	A	N
T	T	O	E
A	T	A	P
P	L	E	!

이것을 규칙에 따라 위에서부터 아래로 나열하면, ITAP WTTL AOAE NEP!가 됩니다.

따라서 정답은 B입니다.

STEP 2

정답

A

해설

5612 3742 2799 1248을 힌트 속 표와 같이 나열하면 다음과 같습니다.

5	6	1	2
3	7	4	2
2	7	9	9
1	2	4	8

이를 규칙에 따라 위에서부터 아래로 나열하면 1차 암호는 5321 6772 1494 2298입니다. 이 1차 암호를 2차 암호로 바꾸면

↘ → ↑ ← ↗ ↗ ↗ ↑ ← ↓ × ↓ ↑ ↑ × ↘

입니다. 따라서 정답은 A입니다.

07 보안의 세계 네트워크와 복호화

STEP 1

정답

해설

첫 번째 수: 가, 다, 바에 해당하는 칸에 색칠을 하면 7이라는 것을 알 수 있습니다.

두 번째 수: 나, 라, 마, 바, 사에 해당하는 칸에 색칠을 하면 6이라는 것을 알 수 있습니다.

세 번째 수: 가, 나, 라, 바, 사에 해당하는 칸에 색칠을 하면 5라는 것을 알 수 있습니다.

STEP 2

정답

해설

- 나, 다, 라, 바를 색칠했을 때 나오는 수는 4입니다.
- 가, 나, 다, 라, 마, 바, 사를 색칠했을 때 나오는 수는 8입니다.
- 가, 다, 라, 마, 사를 색칠했을 때 나오는 수는 2입니다.
- 나, 라, 마, 바, 사를 색칠했을 때 나오는 수는 6입니다.

이 수들을 작은 수에서 큰 수 순서대로 나열하면 2, 4, 6, 8입니다.

08 보안의 세계 네트워크와 암호시스템

STEP 1

정답

182357

풀이

힌트 속 규칙을 따라 비밀번호를 찾는 과정은 다음과 같습니다.

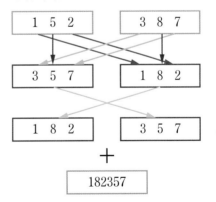

따라서 자물쇠의 비밀번호는 182357입니다.

STEP 2

정답

389264

풀이

STEP 1의 힌트 속 규칙을 거꾸로 따라 금고에 적힌 숫자를 구하는 문제입니다.

STEP 1의 힌트를 이용하여 찾은 숫자는 369284이므로 다음과 같이 밑에서부터 거꾸로 찾아야 합니다.

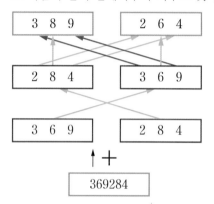

따라서 금고에 적힌 비밀번호는 389264입니다.

정리 시간

1.

2.

〈예시답안〉

(1) **내가 네트워크에 대해 알고 있던 것**

• 내가 쓰는 인터넷에도 고유한 주소가 있다.

• 컴퓨터는 다른 기계장치들과 선 또는 무선으로 연결되어 있다.

(2) **내가 네트워크에 대해 새롭게 알게 된 것**

• 통신망들이 사용하는 약속을 프로토콜이라고 부르는 것을 알게 되었다.

• IP 주소가 4부분으로 나누어진다는 것을 알게 되었다.

(3) **내가 네트워크에 대해 더 알고 싶은 것**

• 여러 네트워크들이 복잡하게 연결되어 있을 때, 깔끔하고 효율적으로 정리하는 방법을 알고 싶다.

해설

5단원을 학습하는 과정에서 배운 내용을 스스로 확인해 보는 문제입니다. 예시답안 이외에도 다양한 답안이 나올 수 있습니다.

SD에듀와 함께 꿈을 키워요!

www.**sdedu**.co.kr

코딩 · SW · AI 이해에 꼭 필요한
초등 코딩 사고력 수학 3단계(초등 5~6학년)

개정1판1쇄 발행	2024년 05월 03일 (인쇄 2024년 03월 06일)
초 판 발 행	2021년 07월 05일 (인쇄 2021년 05월 13일)
발 행 인	박영일
책 임 편 집	이해욱
편 저	김영현 · 강주연
편 집 진 행	이미림
표 지 디 자 인	박수영
편 집 디 자 인	홍영란 · 곽은슬
발 행 처	(주)시대교육
공 급 처	(주)시대고시기획
출 판 등 록	제 10-1521호
주 소	서울시 마포구 큰우물로 75 [도화동 538 성지 B/D] 9F
전 화	1600-3600
팩 스	02-701-8823
홈 페 이 지	www.sdedu.co.kr
I S B N	979-11-383-6929-9 (63410)
정 가	17,000원

'(주)시대교육'은 종합교육그룹 '(주)시대고시기획 · 시대교육'의 학습 브랜드입니다.

코딩·SW·AI 이해에 꼭 필요한

초등코딩
Coding
사고력수학
시리즈

수학을 기반으로 한 **SW** 융합 학습서

초등 **SW** 교육과정 완벽 반영

언플러그드 코딩을 통한 흥미 유발

초등 컴퓨팅 사고력 + 수학 사고력 동시 향상

백석윤 서울교육대학교 수학교육과 교수 ☆ ☆ ☆ ☆ ☆

〈코딩 · SW · AI 이해에 꼭 필요한 초등 코딩 사고력 수학〉은 수학적 능력의 핵심에 해당되는 수학적 문제해결력을 요즘의 수학 학습 트렌드인 코딩 활동과 접목시켜 한층 심화 · 확장된 초등 수학의 창의적 학습을 가능케 하는 신개념 창의사고력 학습 교재입니다. 어렵게 느껴질 수도 있는 코딩과 수학적 요소들을 학생들의 눈높이에 맞춰 친절하고 충실하게 설명하고 있습니다. 특히, 학생들 스스로가 충분히 이해하고 학습할 수 있도록 치밀하게 구성되었다는 점이 돋보입니다. 트렌드에 맞는 주제를 접목시켜 학생들의 사고력 향상의 기틀을 다져줄 본 교재를 높은 신뢰감과 함께 적극 추천합니다.

박만구 서울교육대학교 수학교육과 교수 ☆ ☆ ☆ ☆ ☆

미래에는 인공지능을 기반으로 한 자동화 시대가 도래할 것입니다. 이를 위해 미래를 살아갈 학생들이 이를 대비할 수 있도록 수학 사고력과 컴퓨팅 사고력을 기반으로 하여 최적의 판단을 할 수 있게끔 융합 사고력을 길러 주는 것이 필수적입니다. 이 책에서 제시한 소재들은 교과서에서는 접하기 쉽지 않은 것으로, 학생들이 호기심을 가지고 수학과 컴퓨터의 작동 원리를 이해하도록 하면서 융합 사고력을 기르는 데 도움을 줄 것입니다.

코딩 · SW · AI 이해에 꼭 필요한

초등 코딩 Coding
사고력 수학

3단계 초등 5~6학년

⚠ 주 의
· 종이에 베이거나 긁히지 않도록 조심하세요.
· 책 모서리가 날카로우니 던지거나 떨어뜨리지 마세요.

KC마크는 이 제품이 **'어린이제품 안전 특별법'** 기준에 적합하였음을 의미합니다.

코딩·SW·AI 이해에 꼭 필요한
초등 코딩 사고력 수학 시리즈

- 초등 SW 교육과정 완벽 반영
- 수학을 기반으로 한 SW 융합 학습서
- 초등 컴퓨팅 사고력 + 수학 사고력 동시 향상
- 초등 1~6학년, SW영재교육원 대비

③

④

안쌤의 수·과학 융합 특강

- 초등 교과와 연계된 24가지 주제 수록
- 수학 사고력 + 과학 탐구력 + 융합 사고력 동시 향상

※도서의 이미지와 구성은 변경될 수 있습니다.

안쌤의 신박한 과학 탐구보고서 시리즈

⑤

- 모든 실험 영상 QR 수록
- 한 가지 주제에 대한 다양한 탐구보고서

영재성검사 창의적 문제해결력
모의고사 시리즈

⑥

- 영재교육원 기출문제
- 영재성검사 모의고사 4회분
- 초등 3~6학년, 중등